中天实训教程

人机界面组态与编程实训教程

编审委员会

（排名不分先后）

本书编写人员

主　　编　吴立国
副 主 编　郝　琨
编　　者　吴立国　郝　琨　刘　明　宋　月　焦立卓
审　　稿　卢胜利

中国劳动社会保障出版社

图书在版编目（CIP）数据

人机界面组态与编程实训教程／吴立国主编. -- 北京：中国劳动社会保障出版社，2018

中天实训教程

ISBN 978 - 7 - 5167 - 3697 - 5

Ⅰ.①人… Ⅱ.①吴… Ⅲ.①人机界面-程序设计-教材 Ⅳ.①TP311.1

中国版本图书馆 CIP 数据核字（2018）第 212491 号

中国劳动社会保障出版社出版发行

（北京市惠新东街 1 号 邮政编码：100029）

*

北京市艺辉印刷有限公司印刷装订 新华书店经销

787 毫米×1092 毫米 16 开本 11.75 印张 207 千字

2018 年 10 月第 1 版 2018 年 10 月第 1 次印刷

定价：34.00 元

读者服务部电话：(010) 64929211/84209101/64921644

营销中心电话：(010) 64962347

出版社网址：http://www.class.com.cn

前 言

为加快推进职业教育现代化与职业教育体系建设，全面提高职业教育质量，更好地满足中国（天津）职业技能公共实训中心的高端实训设备及新技能教学需要，天津海河教育园区管委会与中国（天津）职业技能公共实训中心共同组织，邀请多所职业院校教师和企业技术人员编写了"中天实训教程"丛书。

丛书编写遵循"以应用为本，以够用为度"的原则，以国家相关标准为指导，以企业需求为导向，以职业能力培养为核心，注重应用型人才的专业技能培养与实用技术培训。丛书具有以下特点：

以任务驱动为引领，贯彻项目教学。将理论知识与操作技能融合设计在教学任务中，充分体现"理实一体化"与"做中学"的教学理念。

以实例操作为主，突出应用技术。所有实例充分挖掘公共实训中心高端实训设备的特性、功能以及当前的新技术、新工艺与新方法，充分结合企业实际应用，并在教学实践中不断修改与完善。

以技能训练为重，适于实训教学。根据教学需要，每门课程均设置丰富的实训项目，在介绍必备理论知识基础上，突出技能操作，严格遵守实训程序，有利于技能养成和固化。

丛书在编写过程中得到了天津市职业技能培训研究室的积极指导，同时也得到了天津职业技术师范大学、河北工业大学、红天智能科技（天津）有限公司、天津市信息传感与智能控制重点实验室、天津增材制造（3D 打印）示范中心的大力支持与热情帮助，在此一并致以诚挚的谢意。

由于编者水平有限，经验不足，时间仓促，书中的疏漏在所难免，衷心希望广大读者与专家提出宝贵意见和建议。

编审委员会

内容简介

本书是针对人机界面技术应用的工程实训指导用书。

本书以应用较为广泛的西门子系列人机界面硬件、软件为平台，从认知人机界面应用技术（项目一　人机界面应用技术认知），熟悉人机界面组成及人机界面功能、了解人机界面产品选型原则（项目二　人机界面产品分析），掌握人机界面组态与编程技术和流程（项目三　创建项目，项目四　创建画面，项目五　组态报警、创建历史数据、生成报表，项目六　创建配方，项目七　添加界面切换，项目八　运行函数和脚本，项目九　调试项目）四个方面组织九个实训项目，进而通过精选的两个工程应用综合案例（项目十　工程综合应用案例设计）使读者能够快速、系统地掌握人机界面组态与编程技术。

本书突出实训的工程化和实战性，以任务驱动方式，构成模块化、层次化的人机界面技术技能主干。

本书适合自动化、电气、机电一体化、机械制造及其自动化等专业学生和技术人员。

本书既可以作为人机界面技术应用实训、培训和职业技能考核用教程，也可以作为专业人员技术技能提升的参考用书。

本书由吴立国主编，负责全书的整体规划、统稿，并负责项目一、项目四、项目五、项目九、项目十的编写；郝琨担任副主编，并负责项目二、项目三的编写；刘明负责项目六的编写；宋月负责项目七的编写；焦立卓负责项目八的编写。本书在编写过程中得到了许多同行的热情帮助，吸收了很多专家的宝贵意见。

目　录

项目十　工程综合应用案例设计 　　　　　　　　　　　　　　PAGE 161

参考答案 　　　　　　　　　　　　　　　　　　　　　　　　　PAGE 174

项目一

人机界面应用技术认知

任务一 技术素养认知

一、任务目的

认知、掌握人机界面技术素养要求。

二、任务前准备

教学用具：授课计划、纸质及电子教案、课件、黑板、粉笔、多媒体设备等。

教学管理资源：实训成绩评价标准、实训室使用记录表、仪器设备维护保养卡等。

三、任务内容

认知、掌握以下人机界面技术素养要求：

1. 基本素养要求

（1）职业道德

具有良好的职业道德、较强的责任意识和遵纪守法意识。

（2）科学文化

具有科学的认知理念和认知方法，具有实事求是的工作作风，具有基本的文化修养。

（3）身体心理

具有良好的身体和心理素质，具有较强的团队精神和合作精神。

（4）通用能力

具有一定的口头和书面表达能力、人际沟通能力；具有适当的外语沟通能力，可阅读外文资料；具有熟练使用计算机获取信息和交流沟通的能力；具有较强的自我管理能力和创新能力。

2. 专业素养要求

（1）专业知识

在一定的数学知识和专业外语知识基础上，具备电工、模拟电子电路、数字电路等相关的基础知识以及可编程逻辑控制器、传感器与测量技术、电机控制技术等知识，具备单片机、电子产品制作等相关知识。

（2）专业能力

具备电气识图、制图能力，常用电工仪器仪表与电工工具的使用能力；常用电压电器的识别、选择、使用、调整，电工作业安全、PLC（Programmable Logic Controller，可编程逻辑控制器）逻辑控制技术、变频技术、电力电子技术，电气安装与调试能力；自动化生产线的故障诊断及排除能力，工业组网应用能力及工业控制软件组态能力、集散控制与现场总线应用能力。

四、思考练习

1. 阐述人机界面技术人员需要具备哪些基本专业知识。

2. 阐述人机界面技术人员需要具备哪些基本专业能力。

任务二　人机界面技术基础

一、任务目的

1. 掌握人机界面技术的基本定义。
2. 掌握智能化人机界面设备的功能。
3. 了解人机界面的发展趋势。

二、任务前准备

教学用具：授课计划、纸质及电子教案、课件、黑板、粉笔、多媒体设备等。

教学管理资料：实训成绩评价标准、实训室使用记录表、仪器设备维护保养卡等。

三、任务内容

1. 人机界面技术的定义

人机界面（HMI，Human Machine Interface）是系统和用户之间进行交互和信息交换的媒介。通过连接可编程逻辑控制器（PLC）、变频器、直流调速器、仪表等工业控制设备，利用显示屏显示，由输入单元（如触摸屏、键盘、鼠标等）写入工作参数或输入操作命令，实现人与机器信息交互的数字设备。

2. 人机交互、人机界面和工业触摸屏的关系

人机交互是人与机—环境作用关系/状况的一种描述，是实现信息传达的情境刻画，是研究关于设计、实现和评价供人们使用的交互计算系统。

人机界面是人与机—环境发生交互关系的具体表达形式，是实现交互的手段。人机界面是人与计算机之间传递、交换信息的媒介和对话接口，是计算机系统的重要组成部分，用于实现信息的内部形式与人类可以接受形式之间的转换。凡涉及人机信息交流的领域都存在着人机界面。

在交互设计系统中，交互是内容或灵魂，界面是形式或肉体（见图1—1）。

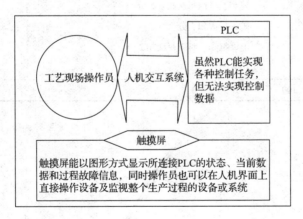

图1—1　人机交互系统的功能与实际应用

工业触摸屏是一种简单、方便、自然的人机交互方式，通过工业触摸屏把人和机器连为一体，它是替代传统控制按钮和指示灯的智能化操作显示终端。可以用来设置参数、显示数据、监控设备状态，以曲线及动画等形式描绘自动化控制过程。

3. 人机界面的发展趋势

随着数字电路和计算机技术的发展，未来的人机界面产品在功能上的高、中、低端划分将越来越不明显，HMI的功能将越来越丰富。由于计算机硬件成本的降低，HMI产品将

以平板 PC（Personal Computer，个人计算机）作为 HMI 硬件的高端产品为主，因为这种高端产品在处理器速度、存储容量、通信接口种类和数量、组网能力、软件资源共享上都有较大的优势，是未来 HMI 产品的发展方向。当然，小尺寸的（显示尺寸小于 5.7″）HMI 产品，由于其在体积和价格上的优势，随着其功能的进一步增强［如增加 IO（Input Output，输入输出）功能］，将在小型机械设备的人机交互环节中得到广泛应用。

四、思考练习

阐述人机界面技术的定义。

综 合 评 估

1．评分表（见表 1—1）

表 1—1　　　　　　　　　　　　　　评分表

序号	评分项目	配分	评分标准	扣分	得分
1	思考练习	60	3 道简答题，每题 20 分		
2	纪律遵守	40	迟到、早退每次扣 0.5 分 旷课每次扣 2 分 上课喧哗、聊天每次扣 2 分 扣完为止		
	总分	100			

2．自主分析

学员自主分析：

【分析参考】

1）人机界面技术概述。

2）技术素养要求。

项目二

人机界面产品分析

任务一　人机界面产品认知及选型

一、任务目的

1. 了解人机界面产品的组成。
2. 掌握人机界面技术的工作原理。
3. 了解人机界面产品的接口种类。
4. 了解人机界面产品的基本功能。
5. 掌握人机界面产品的基本选型。

二、任务前准备

教学用具：授课计划、纸质及电子教案、课件、黑板、粉笔、多媒体设备等。
教学管理资料：实训成绩评价标准、实训室使用记录表、仪器设备维护保养卡等。

三、任务内容

1. 人机界面产品组成和工作原理

操作面板是指用于监控操作现场各种设备的动作、状态、数据等的操作设备，它属于人机界面范畴。

（1）产品组成

人机界面产品通常由硬件和软件两部分组成。人机界面的硬件部分包括处理器、显示单元、输入单元、通信接口、数据储存单元等，其中处理器的性能决定人机界面产品的性能高低，是人机界面产品的核心单元。根据人机界面硬件产品的等级不同，可分别选用 8 位、16 位、32 位的处理器。人机界面产品的软件一般分为两个部分，即运行于人机界面硬件中的系统软件和运行于个人计算机 Windows 操作系统下的画面编程或组态软件。

西门子的操作面板产品类型十分丰富，有文本显示器、按键式面板、触摸式面板、标准功能面板、多功能面板等。

（2）工作原理

人机界面的基本功能是显示现场设备（通常是 PLC）中数字量的状态和寄存器中数字变量的值，用监控画面向 PLC 发出数字量命令，并修改 PLC 寄存器中的参数。

使用人机界面组态软件可以很容易地生成人机界面的画面，使用文字或图形动态地显示 PLC 中的数字量和模拟量的变化。人机界面软件具有绘图、按钮、位开关、实时曲线、报警、配方等功能，组态画面完成后，只需要与 PLC 中的地址联系起来，就可以实现控制系统运行时 PLC 与人机界面之间的自动数据交换。

人机界面产品在与 PLC 进行数据交换的时候，需要人机界面具有很强的通信功能。人机界面产品可以与各主要生产厂家的 PLC 进行通信，主要通信方式有 RS－232C、RS－422/RS－485 串口通信，以太网通信等。使用西门子 PLC 可以使用 PROFIBUS－DP（一种通信协议）或 PROFINET（一种通信协议）通信等。

使用者先使用人机界面的画面组态软件编制"工程文件"，再通过 PC 机和人机界面产品的串行通信接口，把编制好的"工程文件"下载到人机界面的处理器运行。

2. 人机界面产品接口种类（见表 2—1）

表 2—1　　　　　　　　　　西门子各系列面板接口种类

面板类型	接口
精彩面板 （Smart Line）	• 集成以太网口可与 S7－200 系列 PLC 以及 LOGO！进行通信（最多可连接 4 台） • 隔离串口（RS－422/RS－485 自适应切换），可连接西门子、三菱、施耐德、欧姆龙以及台达部分系列 PLC • 支持 Modbus RTU 协议 • 集成 USB 2.0 Host 接口，可连接鼠标、键盘、Hub（集线器）以及 USB 存储器
按键面板	可通过 PROFIBUS DP 或 MPI 总线电缆连接到控制器
微型面板	1 个 RS－485 接口，可集成到 PROFIBUS 网络中
移动面板	有线/无线以太网（PROFINET）通信接口

面板类型	接口
精简面板（Basic Line）	PROFINET 或 PROFIBUS 接口及 USB 接口 可通过 RS – 422/RS – 485 接口将 Basic Panel DP 连接到以下 SIMATIC 控制器： • SIMATIC S7 – 200 • SIMATIC S7 – 300/400 • SIMATIC S7 – 1200 • SIMATIC S7 – 1500 可通过 PROFINET 接口的精简系列面板连接到以下 SIMATIC 控制器： • SIMATIC S7 – 200 • SIMATIC S7 – 300/400 • 配有 PROFINET 接口的 SIMATIC S7 • SIMATIC S7 – 1200 • SIMATIC S7 – 1500
精智面板 – HMI（Comfort Panel）	2 个 PROFINET 接口（例外：KP 400 Comfort 和 KTP 400 Comfort 仅有 1 个 PROFINET 接口） 在 15" 及以上的设备上有另外的千兆位 PROFINET 接口 1 个 PROFIBUS 接口 USB – 2. 0 接口：USB 主机接口（A 型） USB 接口（迷你 B 型）
通用面板	RS – 485 接口
多功能面板	RS – 422，RS – 485，Ethernet，USB

3. 人机界面产品基本功能和选型指标

人机界面具有以下几种功能：

（1）过程可视化

在人机界面上动态显示过程数据（即 PLC 采集的现场数据）（见图 2—1）。

（2）操作员对过程的控制

操作员通过图形界面控制过程，如操作员可以用触摸屏画面上的输入域来修改系统的参数，或者用画面上的按钮来启动电动机等（见图 2—2）。

（3）显示报警

过程的临界状态会自动触发报警（如当变量超出设定值时）（见图 2—3）。

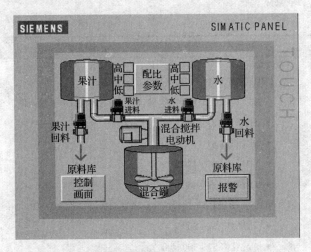

图2—1　工艺流程图

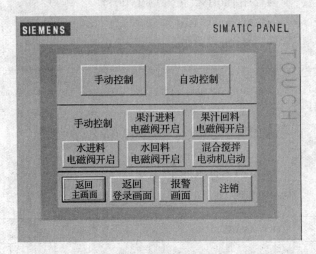

图2—2　操作界面

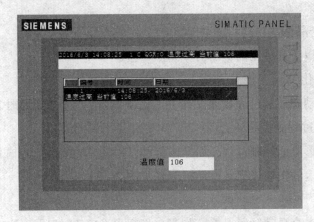

图2—3　报警界面

（4）记录功能

顺序记录过程值和报警信息，用户可以检索历史生产数据（见图2—4）。

	A	B	C	D	E	
1	VarName	TimeStrir	VarValue	Validity	Time_ms	
2	TEMP	########	7	1	4.25E+10	
3	TEMP	########	5	1	4.25E+10	
4	TEMP	########	6	1	4.25E+10	
5	TEMP	########	8	1	4.25E+10	
6	TEMP	########	8	1	4.25E+10	
7	TEMP	########	8	1	4.25E+10	
8	TEMP	########	8	1	4.25E+10	
9	TEMP	########	8	1	4.25E+10	
10	TEMP	########	8	1	4.25E+10	
11	TEMP	########	8	1	4.25E+10	
12	TEMP	########	8	1	4.25E+10	
13	TEMP	########	8	1	4.25E+10	
14	TEMP	########	8	1	4.25E+10	
15	TEMP	########	8	1	4.25E+10	
16	TEMP	########	8	1	4.25E+10	
17	TEMP	########	8	1	4.25E+10	

图2—4　参数报表

（5）输出过程值和报警记录

可以在某一轮班结束时打印输出生产报表（见图2—5）。

编号	时间	状态	日期	GR	PLC
290054	14:06:52	C	2016/6/27	$	0
	成功完成导入数据记录。				
290053	14:06:52	C	2016/6/27	$	0
	开始导入数据记录。				
70018	14:06:50	C	2016/6/27	$	0
	密码列表成功导入。				
1	14:06:50	C	2016/6/27		0	〈i...
	温度过低 当前温度0				
70022	14:06:49	C	2016/6/27	$	0
	密码列表导入开始。				

图2—5　事件日志

（6）过程和设备的参数管理

将过程和设备的参数存储在配方中，可以一次性将这些参数从人机界面下载到PLC，以便改变产品的品种（见图2—6）。

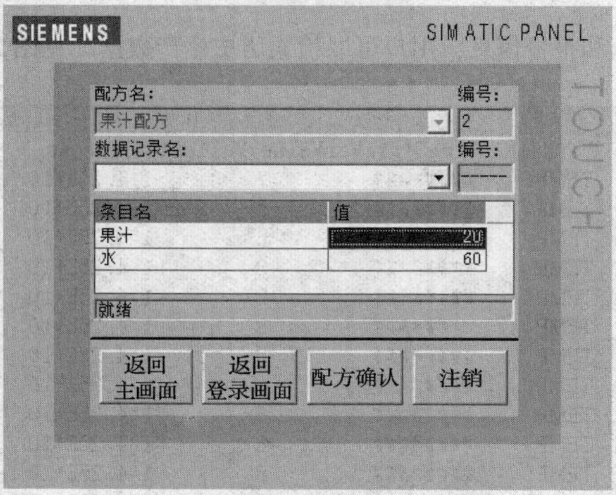

图 2—6　配方界面

四、思考练习

阐述人机界面产品的主要功能。

任务二　西门子人机界面产品认知及选型

一、任务目的

1. 了解西门子人机界面硬件产品。
2. 掌握西门子人机界面硬件产品选型。
3. 了解西门子人机界面软件产品。
4. 掌握西门子人机界面软件产品选型。

二、任务前准备

教学用具：授课计划、纸质及电子教案、课件、黑板、粉笔、多媒体设备等。

教学管理资料：实训成绩评价标准、实训室使用记录表、仪器设备维护保养卡等。

三、任务内容

1. 西门子人机界面硬件产品认知及选型

SIMATIC 面板系列可以为每个应用提供合适的解决方案，从简单的键盘面板、移动和固定操作界面，到全能面板坚固、小巧及多界面选项。明亮的显示屏和无差错人机工程学操作，配备键盘或触摸屏操作界面（见图2—7）。

图2—7 精彩系列面板外观

a）Smart 700 b）Smart 1000

（1）精彩面板

精彩面板准确地提供了人机界面的标准功能，经济实用，具备高性价比，与S7－200 SMART PLC 组成完美的自动化控制与人机交互平台。

主要产品系列：

Smart 700

Smart 1000

（2）按键面板

用于创建传统小键盘操作员面板，按照"即插即用"原则，可随时安装和预装配。

主要产品系列有 KP 8、KP 8F；SIMATIC PP 7/PP 17 等。按键面板外观如图2—8 所示。

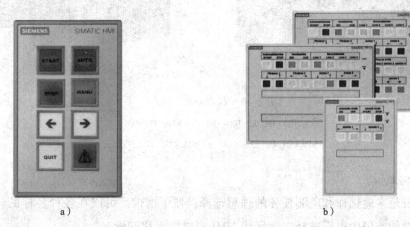

图2—8 按键面板外观

a）KP 8、KP 8F b）SIMATIC PP 7/PP 17

（3）微型面板

用于 SIMATIC S7 – 200 的人机界面可以读取或设置 S7 – 200 控制器所有接点和变量，无须插件。无论是简单应用的文本显示，还是具有图表功能的触摸或操作员面板，均可保证对机器的 HMI 的全面控制。

主要产品系列有：SIMATIC TD 200、SIMATIC TD 400C、SIMATIC OP 73micro、SIMATIC TP 177micro。微型面板外观如图 2—9 所示。

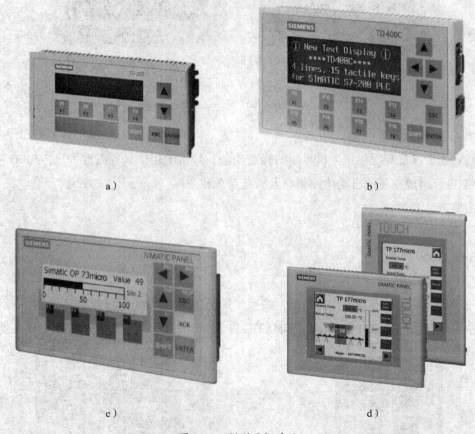

a）　　　　　　　　　　　　b）

c）　　　　　　　　　　　　d）

图 2—9　微型面板外观

a）SIMATIC TD 200　b）SIMATIC TD 400C

c）SIMATIC OP 73micro　d）SIMATIC TP 177micro

（4）移动面板

移动面板是本地操作和监测任务的理想选择，便于携带，可以在各种各样的移动面板显示尺寸和性能类别中进行选择，为无线 HMI 提供最大移动性。

第二代移动面板针对位置决定操作功能的连接点侦测，通过带照明的急停按钮实现最佳的易用性，针对安全操作控制灵活的评估选项，具有多种接线盒选择（紧凑型、标准型、高级型）（见图2—10）。

a）   b）

图2—10　移动面板外观

a）第一代移动面板　b）第二代移动面板

主要产品系列如下：

第一代移动面板：170系列、270系列；

第二代移动面板：KTP 400F Mobile、KTP 700 Mobile、KTP 700F Mobile、KTP 900 Mobile、KTP 900F Mobile。

（5）精简面板

精简面板具有4″、6″或10″显示屏，采用键盘或触摸控制。采用IP65（Ingress Protection 65，防护等级65），可以理想地用在简单的可视化任务中，甚至是恶劣的环境中，并且它集成了软件功能，如报告系统、配方管理，以及图形功能等。精简面板界面如图2—11所示。

主要产品系列包括：SIMATIC HMI KP 300、单色，SIMATIC HMI KTP 400、单色，SIMATIC HMI KTP 600、单色，SIMATIC HMI KTP 600、彩色，SIMATIC HMI KTP 1000、彩色，SIMATIC HMI TP 1500、彩色。

（6）精智面板

高端HMI设备，用于PROFIBUS中先进的HMI任务以及PROFINET环境。可以在触摸和按键面板中自由选择4″、7″、9″、12″等显示尺寸，可以横向和竖向安装触摸面板，以达到最高的性能。精智面板如图2—12所示。

主要产品系列包括：TP 700 Comfort、TP 900 Comfort、TP 1200 Comfort、TP 1500 Comfort、TP 1900 Comfort、TP 2200 Comfort、KP 400 Comfort、KP 700 Comfort、KP 900 Comfort、KP 1200 Comfort、KP 1500 Comfort、KTP 400 Comfort。

图 2—11 精简面板界面

a) SIMATIC HMI KP 300 单色 b) SIMATIC HMI KTP 400 单色 c) SIMATIC HMI KTP 600 单色

d) SIMATIC HMI KTP 600 彩色 e) SIMATIC HMI KTP 1000 彩色 f) SIMATIC HMI TP 1500 彩色

（7）通用面板

SIMATIC HMI 键盘或触摸面板特别适合用在严格工业环境中的机器。每个键盘或触摸面板均可与单独的软件工具进行配置，可完全升级以满足性能等级的要求。

主要产品系列有 70 系列、170 系列、270 系列。

（8）多功能面板

多功能面板（Multi Panels）极其坚固，也可应用在要求高度防振或防尘的场所。卡片槽可以容易地增加 SIMATIC Multi Panels 现有的高存储器容量。全部多功能面板包括所有标准接口以及从 6" 到 19" 的显示屏尺寸选择。多功能面板外观如图 2—13 所示。

a）

b）

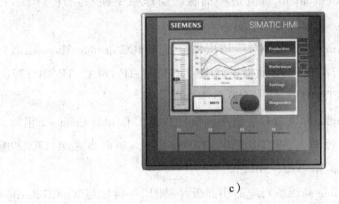

c）

图 2—12　精智面板界面

a）TP 系列　b）KP 系列　c）KTP 系列

图 2—13　多功能面板外观

主要产品系列有 170 系列（MP 177）、270 系列（MP 277）、370 系列（MP 377）。

2．西门子人机界面软件产品认知及选型

（1）SIMATIC WinCC flexible 工程组态软件

SIMATIC WinCC flexible 工程组态软件拥有大量包含现有对象的库和智能工具。运行

时软件还可以提供操作功能和一个报告系统，而工程组态软件和运行时软件都可以通过 WinCC flexible 软件中选件扩展功能满足具体的行业要求。

SIMATIC WinCC flexible 采用了非行业针对性设计，可为 SIMATIC HMI 操作员控制和监视设备（从最简单微型面板到 PC）提供工程组态软件；可把项目传输给不同的 HMI 平台，并在那里运行它们，而无须转换项目；可针对具体操作控制和监视设备以最优的方式进行量身定制。

SIMATIC WinCC flexible 选型规则如下：

1）SIMATIC WinCC flexible Micro 对应适用面板。操作微型面板：TP 170micro、TP 177micro、OP 73micro。

2）SIMATIC WinCC flexible Compact 对应适用面板与 WinCC flexible Micro 相似，另外有 70 面板系列 OP 73、OP 77A/B，170 面板系列 TP/OP 170、TP 177A、TP/OP 177B，170 移动面板、177 移动面板、KTP 1000、TP 1500 基本面板。

3）SIMATIC WinCC flexible 标准版对应适用面板与 WinCC flexible Compact 相似，另外有移动式面板 277，270 面板系列 TP/OP 270、TP/OP 277，多面板系列 170/270/370、MP 177、MP 270B、MP 277、MP 370、MP 377。

4）SIMATIC WinCC flexible 高级版对应适用面板（见图 2—14）与 WinCC flexible 标准版相似，另外有平板式 PC 和标准 PC。

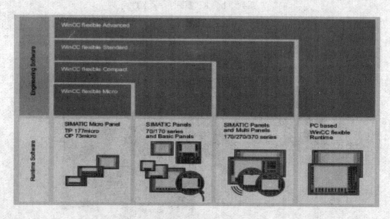

图 2—14　SIMATIC WinCC flexible 软件界面

SIMATIC WinCC flexible 运行时软件 SIMATIC WinCC flexible Runtime 具有以下功能：

1）基础运行时软件的功能。

2）具有语言支持且与 Windows 兼容的用户界面。

3）使用矢量图形、IO 域、文本字段及栏进行过程展示。

4）图表、趋势显示等。

5）具有公开警报级别的警报日志记录系统。

6）报告系统（班次、批量和警报日志）。

7）用户功能的 VB（Visual Basic，可视化的 BASIC 语言）脚本。

（2）高组态效率和丰富的选件代表 SIMATIC WinCC（TIA 博途）

SIMATIC WinCC 是全集成自动化 TIA 博途工程框架的重要组成部分，既可作为设备级应用程序的 HMI 软件，又可作为过程可视化系统人机界面软件，从而将 SIMATIC HMI 设计为统一和完整的工程平台这一设想变成了现实。将 SIMATIC HMI 集成进全新的 TIA 博途中使得创建 HMI 应用程序更轻松、更高效。

WinCC（TIA 博途）是使用 WinCC Runtime Advanced 或 SCADA（Supervisory Control And Data Acquisition，数据采集与监视控制）系统 WinCC Runtime Professional 可视化软件组态 SIMATIC 面板、SIMATIC 工业 PC 以及标准 PC 的工程组态软件。WinCC（TIA 博途）有 4 种版本（见图 2—15），具体使用取决于可组态的操作员控制系统：

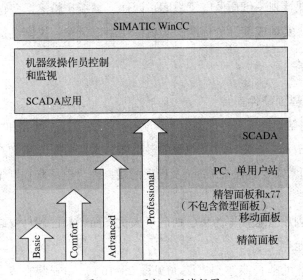

图 2—15　面板应用域视图

1）WinCC Basic，用于组态精简系列面板，WinCC Basic 包含在每款 STEP 7 Basic 和 STEP 7 Professional 产品中。

2）WinCC Comfort，用于组态精智面板和移动面板。

3）WinCC Advanced，用于通过 WinCC Runtime Advanced 可视化软件组态所有面板和 PC。

4）WinCC Professional，用于 WinCC Runtime Advanced 或 SCADA 系统 WinCC Runtime Professional 组态面板和 PC。

四、思考练习

阐述西门子人机界面面板的类型。

任务三　西门子人机界面产品安装及测试

一、任务目的

1. 了解西门子人机界面硬件、软件的安装。
2. 掌握西门子人机界面硬件、软件的测试。

二、任务前准备

教学用具：授课计划、纸质及电子教案、课件、黑板、粉笔、多媒体设备等。

教学管理资料：实训成绩评价标准、实训室使用记录表、仪器设备维护保养卡等。

三、任务内容

1. 西门子人机界面硬件安装

硬件安装是指将触摸屏安装在控制柜上，应考虑安装位置、开孔和配线问题。如果使用的是 DC（Direct Current，直流）24 V 电源的触摸屏，或者触摸屏和 PLC 距离比较远，电源线直径不应过细，通常需要直径 1.5 mm² 及以上的线，因为电压降损耗偏大，容易导致触摸屏和 PLC 连接不稳定。

以安装 KTP 系列精智触摸屏为例，西门子人机界面产品的硬件安装步骤如下：

（1）选择安装地点

自行通风的设备可垂直或倾斜安装（见图 2—16），如安装在安装箱内、开关柜内、配电板上、斜架上。

（2）检查安装空间

为保证充足的通风，操作设备周围需要具有充足的安装空间（见图 2—17）。

（3）制作安装截面

安装截面上的材料必须足够坚固，以确保操作设备的长久紧固，同时需要达到设备所需的防护等级（见图 2—18）。

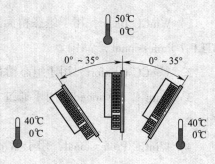

图 2—16　安装位置

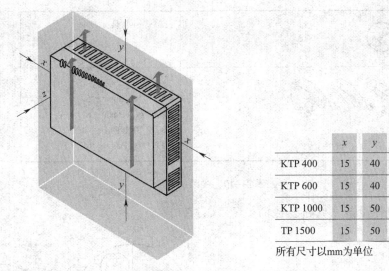

	x	y	z
KTP 400	15	40	10
KTP 600	15	40	10
KTP 1000	15	50	10
TP 1500	15	50	10

所有尺寸以mm为单位

图 2—17　安装空间要求

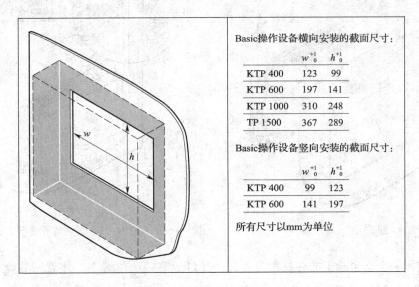

Basic操作设备横向安装的截面尺寸：

	w_0^{+1}	h_0^{+1}
KTP 400	123	99
KTP 600	197	141
KTP 1000	310	248
TP 1500	367	289

Basic操作设备竖向安装的截面尺寸：

	w_0^{+1}	h_0^{+1}
KTP 400	99	123
KTP 600	141	197

所有尺寸以mm为单位

图 2—18　安装截面规格

（4）安装操作设备

安装前需要准备的工具和附件如图 2—19 所示。

安装步骤如下（见图 2—20）：

1）要达到防护等级 IP65 的要求，需要正确放入嵌入式密封件。将嵌入式密封件插入操作设备背面的槽内，确定嵌入式密封件没有扭转。

2）将操作设备从前面装入安装截面。注意，露出的记录带不能夹在安装截面与操作设备之间。

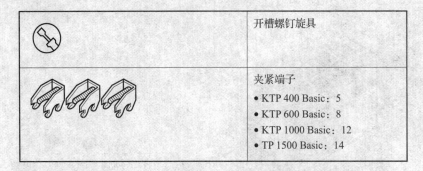

	开槽螺钉旋具
	夹紧端子 • KTP 400 Basic：5 • KTP 600 Basic：8 • KTP 1000 Basic：12 • TP 1500 Basic：14

图 2—19　安装工具

（5）固定操作设备（见图 2—21）

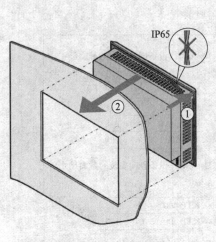

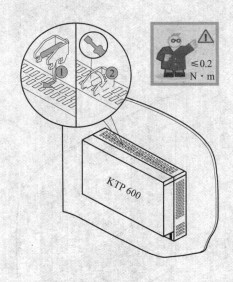

图 2—20　安装操作　　　　　　图 2—21　固定操作设备

1）将第一个夹紧端子放在操作设备背面开口的第一个位置上。注意所装操作设备的夹紧端子位置要与以下图示一致。

2）2 号螺钉旋具固定夹紧端子。允许的最大力矩为 0.2 N·m。

3）重复以上两步，固定其他所有用于固定操作设备的夹紧端子。

至此，人机界面硬件产品安装完成。

2. 西门子人机界面软件安装

软件安装是指触摸屏组态软件安装。目前触摸屏使用西门子 WinCC flexible 来组态触摸屏程序，组态好程序后需要下载到触摸屏，将触摸屏和 PLC 通过合适的通信进行系统控制。

（1）安装准备

1）必须满足"系统要求"中所述的条件。

2）关闭所有应用程序。

3）在开始新的安装前应删除之前装的 WinCC flexible 版本（包括选件包）。

4）删除"WinCC flexible 启动中心"应用程序。

（2）产品安装

1）插入产品光盘。

2）安装程序将自动启动。如果安装程序没有自动启动，则双击产品光盘上的"Setup.exe"文件以运行安装程序。

3）选择安装程序语言。该对话框将以所选安装程序语言显示。

4）在下一个对话框中打开产品信息并仔细阅读。

5）阅读并接受许可证协议（见图 2—22）。

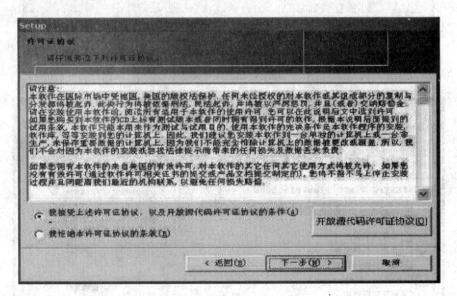

图 2—22　许可证协议

6）选择要安装的用户界面语言。可以在所选语言间切换组态界面（见图 2—23）。

7）选择"完整安装"运行相应的安装（见图 2—24）。

8）如果需要可选择其他组件。

9）单击"下一步"按钮启动安装。

10）安装完成后，如果在 PC 上未找到相应的许可证密钥，系统会要求用户传送已安装组件的许可证密钥。遵循许可证对话框的说明，将许可证密钥从存储位置传送到 PC 的

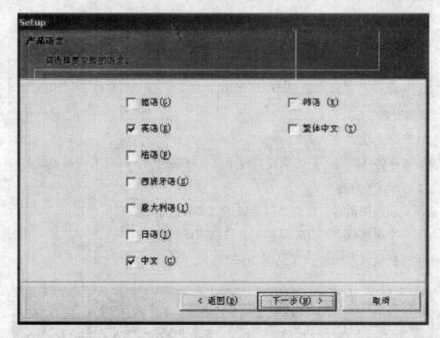

图 2—23　选择语言

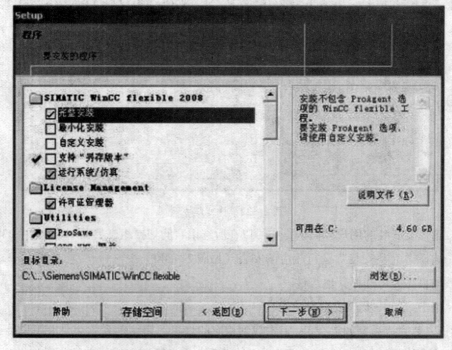

图 2—24　安装方式选择

硬盘驱动器。也可以稍后运行 Automation License Manager（西门子自动化软件许可证管理器）来验证许可证密钥。

11）安装成功，单击"启动"按钮运行 WinCC flexible。

（3）测试

1）接通电源后屏幕会亮起。启动过程中会显示进度条。如果 HMI 设备无法启动，可能是由于电源端子上的导线接反导致，可检查所连接的导线，并更改其连接（见图 2—25）

2）系统启动后，装载程序将自动打开。

按"Transfer"（传送）按钮，以将 HMI 设备设置为"传送"模式。至少启用一个数据通道用于传送时，才能激活传送模式。

按"Start"（启动）按钮，以启动 HMI 设备上的项目。如果不执行操作，则在经过了延迟时间后，HMI 设备上的项目会自动启动。

按"Control Pane"（控制面板）按钮，以打开 HMI 设备的控制面板。可以在控制面板中进行各种设置，如传送设置（见图 2—26）。

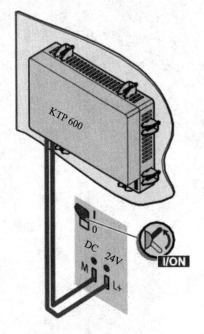

图 2—25　电源连接

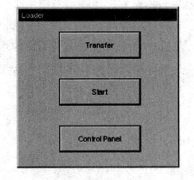

图 2—26　触摸屏传送设置

3）关闭设备。

关闭 HMI 设备上所有激活的项目。

关闭 HMI 设备有切断电源、从 HMI 设备上拔下电源端子等几种方法。

综 合 评 估

1. 评分表（见表2—2）

表2—2   评分表

序号	评分项目	配分	评分标准	扣分	得分
1	思考练习	60	2道简答题，每题30分		
2	纪律遵守	40	迟到、早退每次扣0.5分 旷课每次扣2分 上课喧哗、聊天每次扣2分 扣完为止		
	总分	100			

2. 自主分析

学员自主分析：

【分析参考】

1）人机界面产品的组成和工作原理。

2）人机界面产品的基本功能和选型指标。

项目三

创建项目

任务一　项目认知

一、任务目的

1. 掌握项目的基本定义。

2. 掌握项目的分类。

3. 掌握项目元素的概念及用法。

二、任务前准备

教学用具：授课计划、纸质及电子教案、课件、黑板、粉笔、多媒体设备等。

教学管理资料：实训成绩评价标准、实训室使用记录表、仪器设备维护保养卡等。

三、任务内容

1. 项目的识别

项目是用于组态用户界面的基础。

在项目中创建并组态所有的对象，操作和监视系统需要的主要对象，列举如下：

（1）过程画面：用于显示过程。

（2）变量：用于运行时在 PLC 和 HMI 设备之间传送数据。

（3）报警：用于运行中发生故障时显示报警状态。

（4）记录：用于保存过程值和报警。

2．项目类型的识别

使用 WinCC flexible 可创建不同类型的项目。项目的类型取决与系统组态、系统或机器设备的大小、系统或机器设备所需要的表现形式以及用于运行与监控的 HMI 设备。

在 WinCC flexible 中，可组态下列项目类型：

（1）单用户项目

单用户项目是指用于单个 HMI 设备的项目。大多数情况下，仅组态一个 HMI 设备。在组态阶段，项目总是明确地显示当前所选 HMI 设备所支持的功能范围。

（2）多用户项目

多用户项目是指组态多个 HMI 设备的项目。如果使用多个 HMI 设备对系统进行操作，则可使用 WinCC flexible 创建一个可在其中对多个 HMI 设备进行组态的项目。多用户项目可在项目中使用公共对象。这种方法意味着不仅无须为每个单独的 HMI 设备创建项目，而且可在同一个项目中对所有 HMI 设备进行管理。

（3）在不同 HMI 设备上使用的项目

可为指定的 HMI 设备创建一个项目，并将其下载到多个不同 HMI 设备上。当装载到 HMI 设备上时，只有那些 HMI 设备支持的数据才可以装载上去。

3．项目元素的识别

（1）显示项目

项目中所有可用的组成部分和编辑器在项目视图中以树型结构显示。

在项目视图中显示项目：所有可用的编辑器在项目视图中都显示在项目节点下，可以使用各种不同的编辑器编辑项目中的对象。

作为每个编辑器的子元素，可以使用文件夹以结构化的方式保存对象。此外，屏幕、配方、脚本、记录和报表都可直接访问组态目标（见图3—1）。

（2）可以在 WinCC flexible 中创建和编辑下列对象

1）画面：在"画面"编辑器中创建和编辑画面。可以在"画面浏览"编辑器中定义画面之间的浏览。

2）面板：面板是可以在项目中使用任意多次的对象组，它存储在库中。

3）图形列表：在图形列表中，将变量的值分配给各种图形。图形列表在"图形列表"编辑器中创建，用"图形 IO 域"对象显示。

4）文本列表：在文本列表中，将变量的值分配给各种文本。文本列表在"文本列表"编辑器中创建，用"符号 IO 域"对象显示。

5）与语言有关的文本和图形：使用 WinCC flexible，可以用不同的语言创建的项目如下：

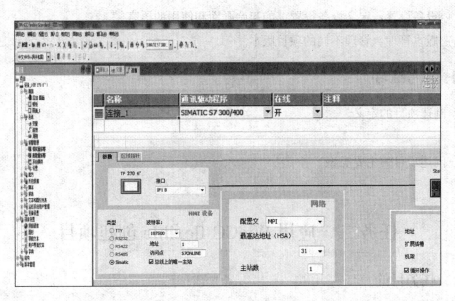

图 3—1　触摸屏与 PLC 通信连接

"项目语言"编辑器用于管理项目运行时的语言。

"项目文本"编辑器用于集中管理和翻译与语言有关的文本。

"图形"编辑器用于管理与语言有关的图形。

"用户词典"编辑器用于创建和管理词典，用于翻译项目文本。"系统词典"编辑器用于查看集成在 WinCC flexible 中的系统词典。

6）变量：在"变量"编辑器中创建和编辑变量。

7）周期：可以在 WinCC flexible 中组态定期发生的事件。时间间隔在"周期"编辑器中定义。

8）报警：在"模拟量报警"和"离散量报警"编辑器中创建和编辑报警。

9）记录："报警记录"编辑器用于记录报警，以便记录系统产生的各种运行状态和故障。"数据记录"编辑器用于编译、处理和记录过程值。

10）报表："报表"编辑器用于创建报表，例如，用户可以使用报表打印运行系统中的报警和过程值等信息。

11）脚本：在 WinCC flexible 中可使用自定义脚本来增强项目的活力。脚本在"脚本"编辑器中进行管理。

12）连接：组态控制器与触摸屏的通信。

13）运行时用户管理：设置用户、用户组并分配用户在运行系统时的操作权限。

14）时序表：管理与任务相关的作业。可以一次或多次执行一个作业。

15）设备设置：定义设备设置，如起始画面和使用的语言。

16）版本管理：管理不同的项目版本。

四、思考练习

1. 阐述项目的定义。

2. 阐述项目的主要类型。

任务二　应用 WinCC flexible 创建项目

一、任务目的

掌握项目的创建过程。

二、任务前准备

1. 教师课前准备

教学用具：授课计划、纸质及电子教案、课件、黑板、粉笔、多媒体设备等。

教学管理资料：实训成绩评价标准、实训室使用记录表、仪器设备维护保养卡等。

2. 学员课前准备

理论知识点准备：项目的创建过程。

训练用具清单见表3—1。

表3—1　　　　　　　　　　　　训练用具清单

序号	类别	名称	规格	数量	备注
1	设备	实训台（含计算机、触摸屏）	TP 177B	1 套	
2	工具	一字旋具	3. 2 mm×75 mm	1 个	
3	材料	以太网线	2 m	1 根	

三、任务内容

要求：在 WinCC flexible 2008 中创建一个新项目。

步骤：

1. 安装完 WinCC flexible 2008 后，双击桌面图标 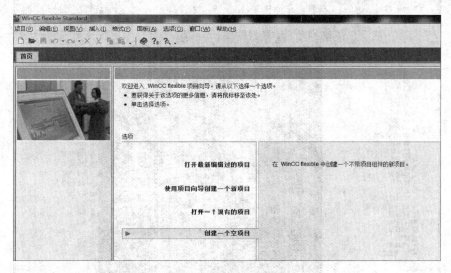，打开软件，开始编辑项目。双击"创建一个空项目"（见图 3—2）。

图 3—2 创建空项目视图

2. 根据设备型号，选择人机界面产品类型。

（1）现场设备使用的人机界面产品类型为"TP 277 6″"，在"设备类型"选项中选择该类型（见图 3—3）。

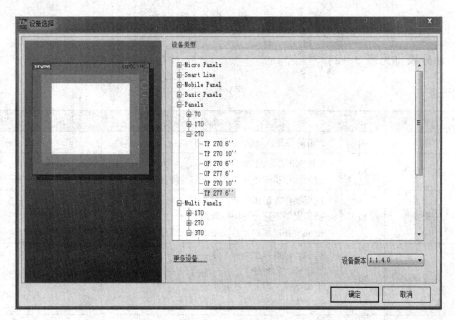

图 3—3 选择设备类型

（2）双击"设备类型"→"TP 277 6″"，进入用户画面编辑界面（见图3—4）。

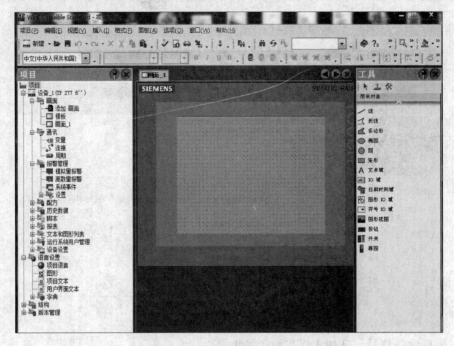

图3—4　用户画面编辑界面

综 合 评 估

1. 评分表（见表3—2）

表3—2　　　　　　　　　　　　　　评分表

序号	评分项目	配分	评分标准	扣分	得分
1	思考练习	40	2道简答题，每题20分		
2	实训操作	20	1道实训题，共20分 根据操作步骤是否符合要求酌情给分		
3	安全操作	20	违反操作规定扣5分 操作完毕不进行现场整理扣5分 造成设备损坏和人身安全事故不得分		
4	纪律遵守	20	迟到、早退每次扣0.5分 旷课每次扣2分 上课喧哗、聊天每次扣2分 扣完为止		
	总分	100			

2．自主分析

学员自主分析：

【分析参考】

1）项目认知。

2）创建项目。

3）项目元素的认知。

项目四

创建画面

任务一 画 面 认 知

一、任务目的

1. 掌握画面属性。

2. 了解画面元素。

二、任务前准备

教学用具：授课计划、纸质及电子教案、课件、黑板、粉笔、多媒体设备等。

教学管理资料：实训成绩评价标准、实训室使用记录表、仪器设备维护保养卡等。

三、任务内容

在 WinCC 中，可以创建操作员用来控制和监视机器设备和工厂的画面。创建画面时，所包含的对象模板将在显示过程、创建设备图像和定义过程值方面提供支持。

1. 画面元素的识别

将需要用表示过程的对象插入到画面，对该对象进行组态使之符合过程要求。画面可以包含静态元素和动态元素。

（1）静态元素

在运行时不改变它们的状态（如文本或图形对象）。

（2）动态元素

根据过程改变它们的状态，通过下列方式显示当前过程值。

1）显示从 PLC 的存储器中输出。

2）以字母数字、趋势视图和棒图的形式显示 HMI 设备存储器中输出的过程值。

3）HMI 设备上的输入域也作为动态元素。

2．画面属性的识别

画面布局由正在组态的 HMI 设备的特征确定，它对应于该设备用户界面的布局。画面分辨率、字体和颜色等其他属性也由所选 HMI 的特征确定。如果设定的 HMI 设备有功能键，则此画面将显示这些功能键。

3．功能键的识别

功能键是 HMI 设备上的一个键，可以为其分配 WinCC 中的一个或多个功能。当操作员在 HMI 设备上按下该键时，就会触发所分配的功能。可以为功能键分配全局或局部功能。

（1）全局功能键

始终触发同样的操作，而与当前显示的画面无关。

（2）局部功能键

根据 HMI 设备上当前显示的画面触发不同的操作。这种分配只适用于那些已定义了功能键的画面。

四、思考练习

阐述画面所包含的两个元素特性。

任务二　变量识别

一、任务目的

掌握变量类型。

二、任务前准备

教学用具：授课计划、纸质及电子教案、课件、黑板、粉笔、多媒体设备等。

教学管理资料：实训成绩评价标准、实训室使用记录表、仪器设备维护保养卡等。

三、任务内容

过程值是存储在某个已连接到自动化系统的存储器中的数据。在运行系统中，使用变量转发过程值。

例如，它们将通过温度、填充量或开关状态来表示工况。在 WinCC 中定义处理该过程值的外部变量。

WinCC 使用下列两种类型的变量：

（1）外部变量

外部变量将链接 WinCC 和自动化系统。外部变量值与自动化系统存储器中的过程值相对应，如图 4—1 所示。通过读取自动化系统存储器的过程值，即可确定外部变量的值。还可以赋值自动化系统存储器中的过程值。

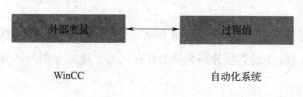

     WinCC   自动化系统

图 4—1　外部变量应用

（2）内部变量

内部变量没有过程链接，只能在 WinCC 内部传送值。只有运行系统处于运行状态时变量值才可用。

任务三　创建变量、组态变量

一、任务目的

1. 掌握创建变量。

2. 掌握组态变量。

二、任务前准备

1. 教师课前准备

教学用具：授课计划、纸质及电子教案、课件、黑板、粉笔、多媒体设备等。

教学管理资料：实训成绩评价标准、实训室使用记录表、仪器设备维护保养卡等。

2．学员课前准备

理论知识点准备：变量的基本概念，创建变量的方法。

训练用具清单见表4—1。

表4—1　　　　　　　　　　训练用具清单

序号	类别	名称	规格	数量	备注
1	设备	实训台（含计算机、触摸屏）	TP 177B	1套	
2	工具	一字旋具	3.2 mm×75 mm	1个	
3	材料	以太网线	2 m	1根	

三、任务内容

要求：

变量分别用于存储浓缩果汁的温度值和装有浓缩果汁存储罐的液位。变量名分别为"TEMP"和"LEVEL"，变量类型分别为整型和布尔型，地址分别为"MW0"和"M2.0"。

步骤：

1．新建变量

单击"项目"菜单→"通讯"→"变量"，双击右侧空白处，新建2个变量，系统默认变量名分别为"变量_1"和"变量_2"（见图4—2和图4—3）。

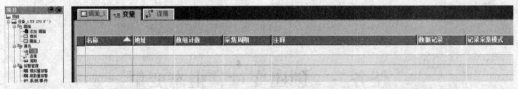

图4—2　创建变量界面

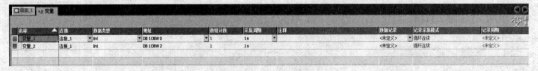

图4—3　添加变量

2．更改变量参数

将变量名、变量类型和地址按照任务要求进行更改，即可完成变量组态（见图4—4）。

同时可以根据实际的需求对该变量的采集周期进行设定，如果该变量是配方中某一配方元素，可以对该变量归类的配方数据记录进行选择。若需要对该变量进行数据采集记录，可以在组态变量时对变量采集的模式和周期进行选择。

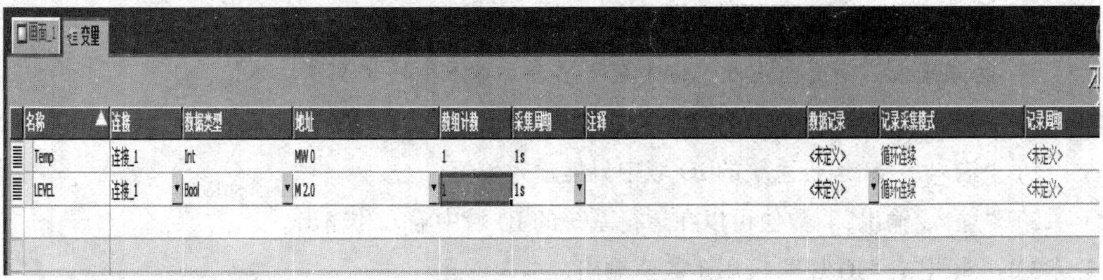

图4—4　修改变量参数

任务四　文本域、输出域的识别

一、任务目的

1. 掌握文本域。

2. 掌握输出域。

二、任务前准备

教学用具：授课计划、纸质及电子教案、课件、黑板、粉笔、多媒体设备等。

教学管理资料：实训成绩评价标准、实训室使用记录表、仪器设备维护保养卡等。

三、任务内容

1. 文本域的识别

"文本域"是可以用颜色填充的封闭对象。

在"属性"窗口中，自定义对象的位置、几何、样式、颜色和字体类型等。例如：

（1）文本

指定文本域的文本。

（2）文本域的大小

指定是否将对象尺寸调整到最长列表条目所需要的距离。

2. 输出域的识别

"输出域"用来输入并显示过程值。

（1）在"属性"窗口中，更改对象的模式、布局、隐藏输入。

1）模式：指定对象在运行时的响应。

2）布局：指定在 IO 域中输入值和输出值的数据格式。

3）隐藏输入：指定在输入过程中是正常显示输入值还是加密输入值。

（2）在"属性"窗口"常规"组中的"设置"区域中指定 IO 域的响应。

1）"输入"：在运行系统的 IO 域中只能输入数值。

2）"输入/输出"：数值可以在运行系统的 IO 域中输入和输出。

3）"输出"："IO 域"仅用于数值输出。

（3）在"属性"窗口"常规"组的"显示"区域中指定输入/输出数值的数据格式。

1）"二进制"：以二进制形式输入和输出数值。

2）"十进制"：以十进制形式输入和输出数值。

3）"十六进制"：以十六进制形式输入和输出数值。

4）"字符串"：输入和输出字符串。

（4）在"属性"窗口中更改日期、时间。

1）"日期"：输入和输出日历日期，格式依赖于 HMI 设备上的语言设置。

2）"日期/时间"：输入和输出日历日期和时间，格式依赖于 HMI 设备上的语言设置。

3）"时间"：输入和输出时间，格式依赖于 HMI 设备上的语言设置。

任务五　创建文本域、输出域

一、任务目的

1. 掌握创建文本域的方法。

2. 掌握创建输出域的方法。

二、任务前准备

1. 教师课前准备

教学用具：授课计划、纸质及电子教案、课件、黑板、粉笔、多媒体设备等。

教学管理资料：实训成绩评价标准、实训室使用记录表、仪器设备维护保养卡等。

2. 学员课前准备

理论知识点准备：创建文本域的方法，创建输出域的方法。

训练用具清单见表4—2。

表4—2   训练用具清单

序号	类别	名称	规格	数量	备注
1	设备	实训台（含计算机、触摸屏）	TP 177B	1 套	
2	工具	一字旋具	3.2 mm×75 mm	1 个	
3	材料	以太网线	2 m	1 根	

三、任务内容

要求：

按照图4—5所示组态浓缩果汁当前温度的显示值，运行系统并进行温度显示测试。

图4—5　浓缩果汁当前
温度的显示值

步骤：

1. 组态文本域

单击"工具"菜单→"简单对象"→"文本域"（见图4—6）。

更改文本内容为"浓缩果汁当前温度"，更改文本的字体大小和位置（见图4—7）。

图4—6　添加文本域

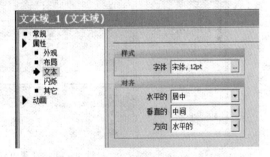

图4—7　文本属性设置

更改后，文本域中的文本显示如图4—8所示。

2. 组态IO域

单击"工具"菜单→"简单对象"→"IO域"（见图4—9和图4—10）。

图4—8　文字效果

图4—9　组态IO域

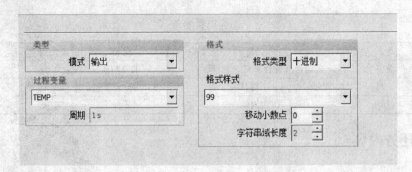

图 4—10 设置 IO 域参数

在"过程变量"中关联变量"TEMP"。根据任务要求，显示的温度位数最多为两位，所以在"格式样式"中，选择"99"，也可根据显示位数的多少，选择其他样式，并且确定小数点后面的位数显示情况。

如果需要设定并显示温度，那么在 IO 域的类型模式中选择"输入/输出"（见图 4—11）。

图 4—11 设置 IO 域常规属性

在"属性"中可以对 IO 域的外观、样式等进行修改。

为了显示美观，对字体的大小和显示的位置进行调整，如居中显示（见图 4—12）。

"动画"中，可以设置 IO 域的动态显示相关动作，如外观显示、进行移动等（见图 4—13）。

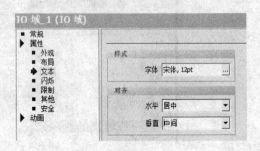

图 4—12 设置 IO 域属性

图 4—13 设置 IO 域动画

组态温度单位"℃"的方法与组态文本域的方法相同（见图4—14和图4—15）。

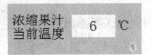

图4—14　浓缩果汁温度组态效果　　　　　图4—15　浓缩果汁当前温度

运行系统，进行温度显示测试，至此，文本域和IO域的组态全部完成。

任务六　创建棒图和趋势

一、任务目的

1. 掌握创建棒图的方法。
2. 掌握创建趋势的方法。

二、任务前准备

1. 教师课前准备

教学用具：授课计划、纸质及电子教案、课件、黑板、粉笔、多媒体设备等。

教学管理资料：实训成绩评价标准、实训室使用记录表、仪器设备维护保养卡等。

2. 学员课前准备

理论知识点准备：创建棒图的方法，创建趋势的方法。

训练用具清单见表4—3。

表4—3　　　　　　　　　　　　训练用具清单

序号	类别	名称	规格	数量	备注
1	设备	实训台（含计算机、触摸屏）	TP 177B	1套	
2	工具	一字旋具	3.2 mm×75 mm	1个	
3	材料	以太网线	2 m	1根	

三、任务内容

要求：

1. 以棒图形式显示浓缩果汁的当前温度值（6℃），运行系统并进行测试。

2. 以趋势视图形式显示浓缩果汁的温度值变化，测试运行并观察趋势视图变化。

步骤：

1. 以棒图形式显示浓缩果汁的当前温度值（6℃），运行系统并进行测试。

棒图是以图形形式显示过程值。

（1）组态棒图

单击"工具"菜单→"简单对象"，选择"棒图"，拖曳
"棒图"至用户画面并新建文本域"浓缩果汁当前温度"（见
图4—16）。

（2）设置"棒图"属性并关联变量

在"常规"中关联变量（见图4—17）。

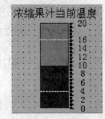

图4—16　果汁温度组态棒图

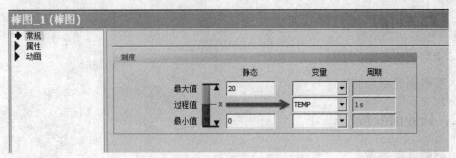

图4—17　设置棒图常规属性

"刻度"显示的最大值和最小值可以是常数，也可以是变量值。根据任务要求，浓缩
果汁的温度范围一般为5~10℃，因此设置刻度最大值为
"20"，最小值为"0"，在"过程值"中关联温度过程值变
量"TEMP"。

在"属性"中可以设置棒图的显示特性，如外观、布局
等（见图4—18）。

在"刻度"属性中，可以对棒图的显示刻度间距和增量
等进行设置。在刻度显示有小数位数的情况下，可以在"刻
度值"属性中设置小数位数和刻度显示值的总长度（见
图4—19）。

图4—18　设置棒图外观属性

在"动画"属性中，设置"棒图"的动态移动和外观显示属性，需要建立相关变量
进行启用。

至此，棒图的基本属性设置完成。

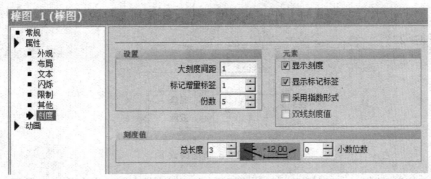

图4—19 设置棒图刻度属性

（3）运行系统，进行测试

将浓缩果汁的温度变量设置为"6"，观察棒图的显示刻度值
是否为6（见图4—20）。

2. 以趋势视图显示浓缩果汁的温度值变化，测试运行并观察
趋势视图。

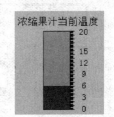

图4—20 果汁温度棒图

趋势视图显示变量的一系列连续变化。它可以显示实时变量
的趋势，也可以显示数据记录中的历史趋势。

（1）趋势控件的主要内容

1）按钮栏：用于操作趋势的按钮，包括停止、运行、向前、向后等。

2）数值表：除趋势视图外，以表格形式显示数值。

3）标尺：可在趋势中移动，用于测量特定点的数值。

（2）"属性"中重要的属性设置

"X轴"："模式"中X轴的方向可以显示3种模式，分别为时间、点、变量/常量；
默认为时间，可以根据实际需求进行相应选择。

选择"时间"模式在"时间间隔（秒）"为X轴起始点到终点的时间跨度，可以根据
实际需求进行设定（见图4—21）。

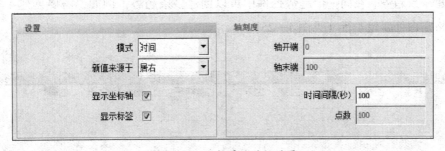

图4—21 X轴属性时间设置

选择"变量/常量"模式时，在"轴刻度"中设置 X 轴的起始值和终点值的常量或变量（见图 4—22）。

图 4—22　X 轴范围设置

选择"点"模式，在"点数"中，设置 X 轴上相对应的点数，没有单位（见图 4—23）。

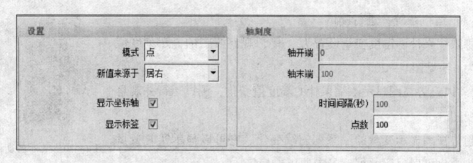

图 4—23　取样点数设置

在趋势控件的"属性"中，最重要的属性为"趋势"属性（见图 4—24）。

图 4—24　"趋势"属性设置

打开"趋势"属性，看到右侧空白表格，每一行表格代表一条趋势。双击表格空白处，新建一条趋势。在同一个趋势控件中可以创建多条趋势，例如，需要创建 4 条趋势，就在表格空白处新建 4 行（见图 4—25）。

名称	显示	线类型	栅图宽...	采样点数	显示限制线	趋势类型	源设置	边	前景色
趋势 1	线	实线	50	100	否	触发的实...	[...]	左	0,0,0

图 4—25　趋势视图外观属性设置

组态趋势最关键的步骤是关联某个过程变量或者关联某个数据记录。

（3）趋势类型（见图4—26）

1）触发的缓冲区位：通过变量触发位于PLC缓冲区批量数据的趋势（X轴不为时间）。

2）触发的实时循环：以一定周期触发实时变量值趋势。

图4—26　趋势视图外观属性——类型设置

3）实时位触发：通过变量触发PLC缓冲区单个变量的趋势（X轴不为时间）。

（4）源设置

"源设置"设置触发趋势曲线的变量。

（5）组态趋势视图

单击"工具"菜单→"增强对象"→"趋势视图"，拖曳至用户画面，进行尺寸调整（见图4—27和图4—28）。

图4—27　添加趋势视图

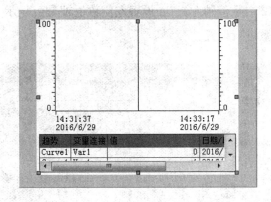

图4—28　趋势效果

设置属性并关联变量：

1）"常规"属性"按钮栏样式"中，本款触摸屏不能设置按钮栏，默认选择"无"（见图4—29）。

2）"属性"中，需要设置以下几个重要参数。

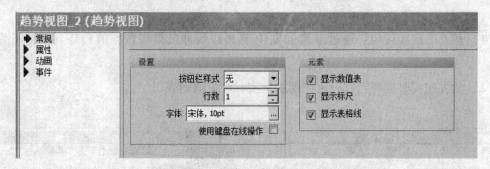

图4—29　趋势常规属性设置

①"X轴"：设置模式为"时间"模式，时间间隔（秒）为"100"（见图4—30）。

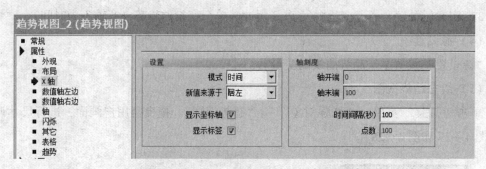

图4—30　趋势属性——"X轴"设置

②"数值轴左边"：设置左侧数值轴是否显示、相应的刻度值等参数，按图4—31所示参数进行设置。

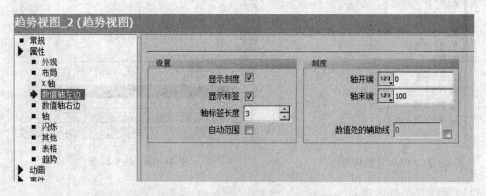

图4—31　"数值轴左边"设置

③"数值轴右边"：设置右侧数值轴是否显示、相应的刻度值等参数，按图4—32所示参数进行设置。

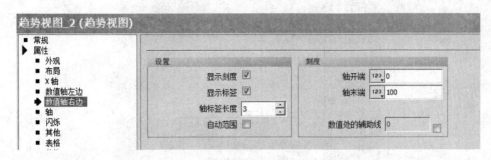

图4—32 "数值轴右边"设置

④"轴"：设置是否需要显示各坐标轴的标签及设置增量；在本任务中，将轴每个刻度的增量全部设置为"5"（见图4—33）。

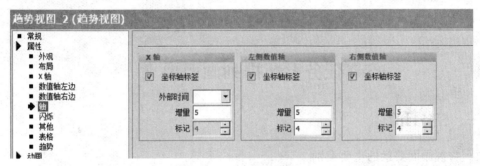

图4—33 轴属性设置

⑤"趋势"：设置趋势类型及关联"源设置"，在此将浓缩果汁的温度变量"TEMP"关联到趋势控件中（见图4—34）。

图4—34 设置趋势及关联"源设置"

至此，趋势控件的几个重要属性已经设置完成。

（6）测试运行

分别设置几个浓缩果汁的温度值，观察趋势视图的变化（见图4—35）。

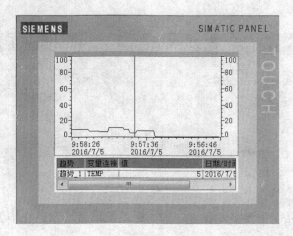

图4—35　浓缩果汁实时温度趋势视图

任务七　排列画面要素

一、任务目的

1. 掌握画面要素的主要类别。

2. 掌握画面要素的排列方法。

二、任务前准备

1．教师课前准备

教学用具：授课计划、纸质及电子教案、课件、黑板、粉笔、多媒体设备等。

教学管理资料：实训成绩评价标准、实训室使用记录表、仪器设备维护保养卡等。

2．学员课前准备

理论知识点准备：画面要素的主要类别，画面要素的排列方法。

训练用具清单见表4—4。

表4—4　　　　　　　　　　　　训练用具清单

序号	类别	名称	规格	数量	备注
1	设备	实训台（含计算机、触摸屏）	TP 177B	1套	
2	工具	一字旋具	3.2 mm×75 mm	1个	
3	材料	以太网线	2 m	1根	

三、任务内容

要求：

按照图4—36中画面要求，将画面中的各个要素进行排列。

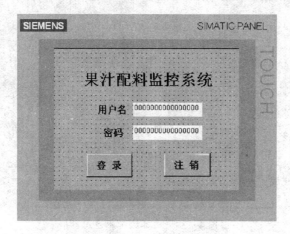

图4—36　用户登录界面

步骤：

对画面中包含的各个元素进行分析。分析后得出，该画面包含文本域、IO域、按钮类型的要素。

1．组态文本域

在"工具"菜单栏中，拖曳文本域至画面，将文本域的文本内容按照任务要求更改为"果汁配料监控系统"，更改字号并按照图4—37所示的位置放置该文本域。

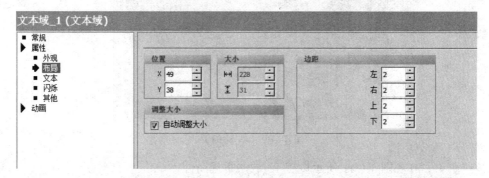

图4—37　文本域"布局"设置

使用同样的方式组态"用户名"和"密码"两个文本域，并对两个文本域进行右端对齐（见图4—38）。

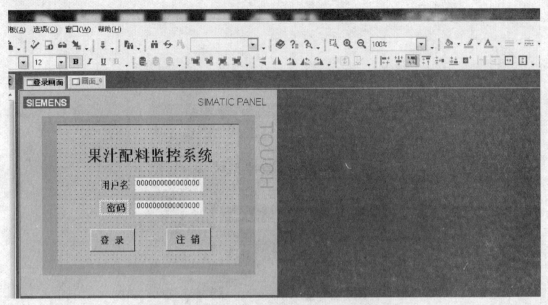

图4—38 文本域对齐方式

2. 组态 IO 域

在"工具"菜单栏中，选择"IO域"，并将该IO域拖曳至用户画面（见图4—39）。

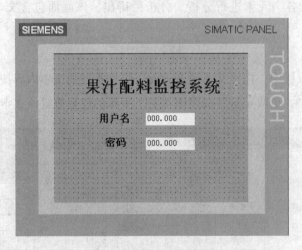

图4—39 添加 IO 域

按照图4—40和图4—41所示设置IO域的常规属性。

设置完成的画面效果如图4—42所示。

3. 组态"按钮"

在"工具"菜单栏中选择"按钮"并拖曳至用户画面（见图4—43）。

图 4—40　设置 IO 域的"常规"属性

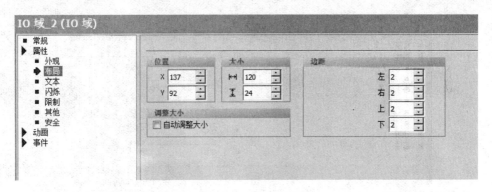

图 4—41　设置 IO 域"布局"

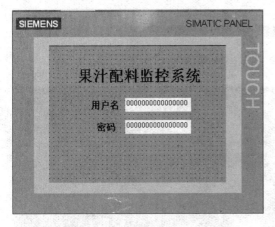

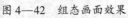

图 4—42　组态画面效果

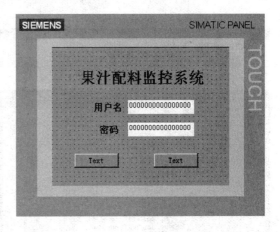

图 4—43　添加按钮

按照图 4—44 和图 4—45 所示属性设置按钮。

将两个按钮进行水平顶端或水平底端对齐（见图 4—46）。

设置完成的效果如图 4—47 所示。

图4—44 按钮属性——布局设置

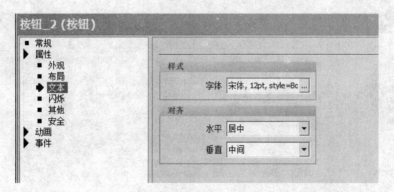

图4—45 按钮属性——文本设置

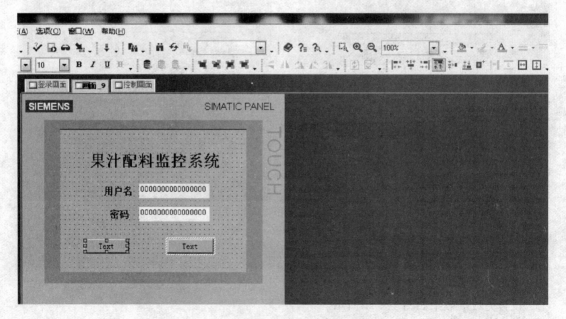

图4—46 按钮对齐

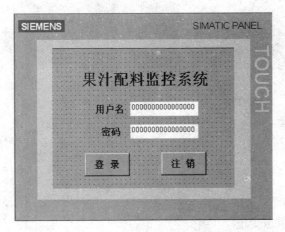

图4—47　组态登录界面

至此，简单用户画面中使用典型元素的基本排列设置方式组态完成。

综 合 评 估

1. 评分表（见表4—5）

表4—5　　　　　　　　　　　　评分表

序号	评分项目	配分	评分标准	扣分	得分
1	思考练习	20	1道简答题，共20分		
2	实训操作	40	4道实训题，每题10分 根据操作步骤是否符合要求酌情给分		
3	安全操作	20	违反操作规定扣5分 操作完毕不进行现场整理扣5分 造成设备损坏和人身安全事故不得分		
4	纪律遵守	20	迟到、早退每次扣0.5分 旷课每次扣2分 上课喧哗、聊天每次扣2分 扣完为止		
	总分	100			

2. 自主分析

学员自主分析：

【分析参考】

1）画面的认知。

2）创建变量并组态变量。

3）创建文本域、输出域。

4）创建棒图和趋势。

5）排列画面要素。

项目五

组态报警、创建历史数据、生成报表

任务一　创　建　报　警

一、任务目的

1. 掌握报警和报警组。
2. 掌握报警类别。
3. 掌握报警的显示方式。
4. 掌握报警的基本设置。
5. 掌握报警控件。

二、任务前准备

1. 教师课前准备

教学用具：授课计划、纸质及电子教案、课件、黑板、粉笔、多媒体设备等。

教学管理资料：实训成绩评价标准、实训室使用记录表、仪器设备维护保养卡等。

2. 学员课前准备

理论知识点准备：模拟量报警和离散量报警的基本概念。

训练用具清单见表5—1。

表 5—1   训练用具清单

序号	类别	名称	规格	数量	备注
1	设备	实训台（含计算机、触摸屏）	TP 177B	1 套	
2	设备	打印机	彩色	1 台	
3	工具	一字旋具	3.2 mm×75 mm	1 个	
4	材料	以太网线	2 m	1 根	

三、任务内容

要求：

1. 新建两个报警组

（1）浓缩果汁的温度报警，新建报警组，命名为"温度报警确认组"。

（2）浓缩果汁的液位报警，新建报警组，命名为"液位报警确认组"。

2. 新建两个报警类别

（1）浓缩果汁的温度报警，新建报警类别，命名为"温度报警"。

（2）浓缩果汁的液位报警，新建报警类别，命名为"液位报警"。

3. 新建报警控件

显示浓缩果汁的温度和液位报警，在产生上述报警时弹出报警指示器并在画面上方弹出报警窗口。

步骤：

图 5—1 表示了报警的两个基本类型，分别为系统报警和用户报警。

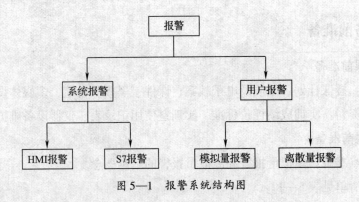

图 5—1　报警系统结构图

系统报警：由系统发出的报警，用户是不能操作的，可能包括面板自身能检测到的状态的系统消息，以及面板和 PLC 之间的通信故障等。

用户报警：需要进行组态，与过程、项目和设备等密切相关的报警。

其中，系统报警分为 HMI 报警和 S7 报警。用户报警分为模拟量报警和离散量报警。

报警组是指把报警进行分组，同组的报警信息可以一起确认，不用逐条确认报警。

1. 新建两个报警组

单击"报警管理"→"设置"→"报警组"，系统默认存在 16 个报警确认组（见图 5—2）。

名称	组号 ▲
确认组 1	1
确认组 2	2
确认组 3	3
确认组 4	4
确认组 5	5
确认组 6	6
确认组 7	7
确认组 8	8
确认组 9	9
确认组 10	10
确认组 11	11
确认组 12	12
确认组 13	13
确认组 14	14
确认组 15	15
确认组 16	16

图 5—2　报警组

双击空白处可自动生成新的报警确认组。新建"温度报警确认组"和"液位报警确认组"（见图 5—3）。

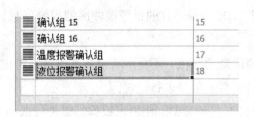

确认组 15	15
确认组 16	16
温度报警确认组	17
液位报警确认组	18

图 5—3　新建报警组

2. 新建两个报警类别

报警类别是指把报警分类，主要用于确定报警如何显示在 HMI 设备上，需要对每一条报警都分配一个报警类别。

单击"报警管理"→"设置"→"报警类别"，系统默认存在 4 个报警类别，这是系统生成的，不能进行修改（见图 5—4）。

名称	▲	显示名称	确认	E-mail 地址	C 颜色	CD 颜色	CA 颜色	CDA 颜色	
🟦 错误		!	"已激活"状态		■	■	■	■	
🟦 警告			关		□	□	□	□	
🟦 系统		$	关		□	□	□	□	
🟦 诊断事件		S7	关						

图 5—4　默认报警类别

　　双击空白处可自动生成新的报警类别。新建"温度报警"和"液位报警"两个报警类别（见图 5—5）。

🟦 警告		关	□
🟦 系统	$	关	□
🟦 诊断事件	S7	关	□
🟦 温度报警		关	■
🟦 液位报警		关 ▼	■

图 5—5　新建报警类别

3. 新建报警控件

（1）系统可以显示以下三种报警。

1）报警。当前的报警信息（激活的和未确认的）。

2）报警事件。位于 HMI 设备内存的报警缓冲区的报警信息。不同型号的设备报警缓冲区的大小不同。

3）报警记录。报警信息的归档。不是所有设备都支持报警记录。

按照图 5—6 所示可对系统报警进行设置。

（2）报警控件分为以下三种类型，用户可根据需要进行选择。

1）报警视图（在用户画面中组态）。报警视图中，可以显示两种不同的报警，分别为报警（未决报警或者未确认的报警）和报警事件，报警记录为灰色时不可以选择（见图 5—7 和图 5—8）。

可显示的报警类别可以按照要显示的报警类别进行相应的选择（见图 5—9）。

2）报警窗口（在模板画面中组态）。当报警发生时，弹出的报警窗口只在模板画面中组态。报警窗口的属性与报警视图中的属性相同（见图 5—10）。

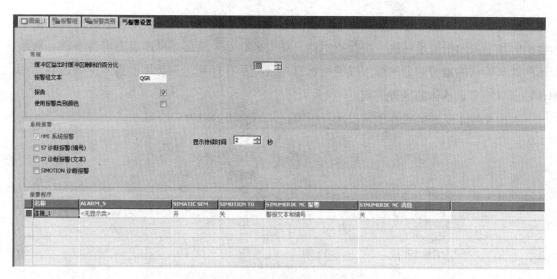

图5—6 报警设置

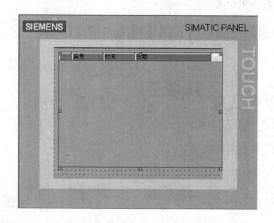

图5—7 报警视图

图5—8 选择报警显示

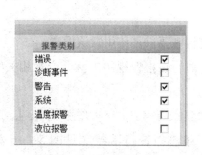

图5—9 报警类别

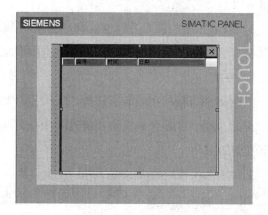

图5—10 报警窗口

3) 报警指示器（在模板画面中组态）。当报警发生时，弹出报警提示。报警提示中显示的数字表示报警条目数。报警指示器只在模板画面中组态。可以组态单击事件。有激活的且未确认的报警时会闪烁。报警指示器只是提示有报警，不能显示具体报警内容，而报警窗口能显示具体的报警内容。

在图 5—11 所示的属性中可以选择报警指示器弹出的条件。

报警类别	未决的	已确认的
错误	☑	☑
诊断事件	☐	☐
警告	☐	☐
系统	☐	☐
报警类别_1	☐	☐

图 5—11 报警类别

在"事件"属性中，可以对该报警指示器设置单击和闪烁时单击的动作事件（见图 5—12）。

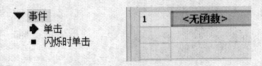

图 5—12 报警事件设置

（3）根据要求，组态报警控件。

1) 在用户组态的报警画面中，添加报警视图。单击"工具"菜单→"增强对象"，选择"报警视图"；在用户画面中，拖曳鼠标，组态报警视图（见图 5—13 和图 5—14）。

2) 设置报警视图重要属性。在"常规"属性中，选中"温度报警"和"液位报警"复选框，这样当发生温度和液位报警时，报警信息才会显示在报警视图中，否则不能显示（见图 5—15）。

其余属性可根据实际需求进行相应设置，如果没有特殊要求可使用默认设置。

至此，当温度报警和液位报警这两个报警类别发生时，在报警视图中就会产生相关的报警信息。

3) 在"模板"画面中添加报警指示器。单击"工具"菜单→"增强对象"，选择"报警指示器"，在"模板"画面中，拖曳鼠标，组态报警指示器（见图 5—16 和图 5—17）。

图5—13 添加报警视图

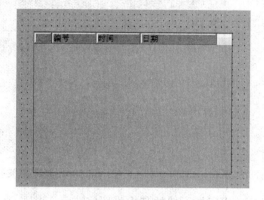

图5—14 报警窗口

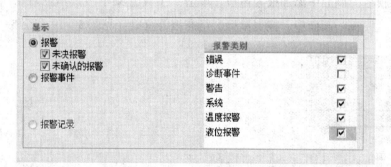

图5—15 报警类别

图5—16 添加报警指示器

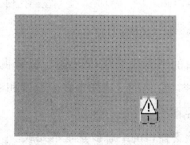

图5—17 报警指示器符号

在报警类别属性中，选中要显示的报警类别，如"温度报警"和"液位报警"（见图 5—18）。

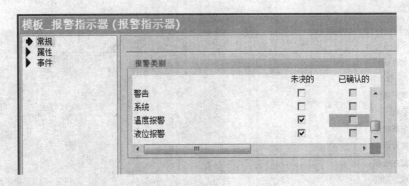

图 5—18　选择报警类别

至此，报警指示器的基本设置完成。

4）在"模板"画面中添加报警窗口。单击"工具"菜单→"增强对象"，选择"报警窗口"，在"模板"画面中，拖曳鼠标，组态报警窗口（见图 5—19 和图 5—20）。

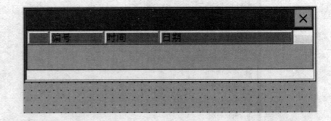

图 5—19　组态报警窗口　　　　　　　　　图 5—20　报警窗口

报警窗口的"常规"属性设置与报警视图的设置方法基本相同：选中"温度报警"和"液位报警"复选框，这样当发生温度和液位报警时，报警窗口才能弹出，显示当前的报警信息（见图 5—21）。

至此，报警窗口的组态设置基本完成。

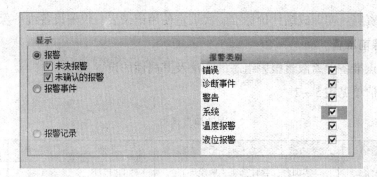

图 5—21　报警类别

四、思考练习

1. 解释以下报警类别的基本概念。

HMI 报警：

S7 报警：

模拟量报警：

离散量报警：

2. 储存浓缩果汁的储物罐检测的报警属哪种报警类型。

3. 根据以下描述，列出报警信息的三种状态。

1）储物罐中浓缩果汁的温度超过 11℃，产生温度过高报警，设备停机。

2）通过冷却手段，将温度值恢复至 5 ~ 10℃，温度过高报警消除。

3）产生温度报警后，操作员进行确认。报警消除后，操作员再次确认并重新开启设备。

任务二　组态离散量报警

一、任务目的

掌握离散量报警组态的方法及其属性的设置。

二、任务前准备

1. 教师课前准备

教学用具：授课计划、纸质及电子教案、课件、黑板、粉笔、多媒体设备等。

教学管理资料：实训成绩评价标准、实训室使用记录表、仪器设备维护保养卡等。

2．学员课前准备

理论知识点准备：离散量报警组态的方法及其属性的设置。

训练用具清单见表5—2

表5—2　　　　　　　　　　　　　　训练用具清单

序号	类别	名称	规格	数量	备注
1	设备	实训台（含计算机、触摸屏）	TP 177B	1 套	
2	设备	打印机	彩色	1 台	
3	工具	一字旋具	3.2 mm×75 mm	1 个	
4	材料	以太网线	2 m	1 根	

三、任务内容

要求：

1．组态离散量报警的基本步骤。

2．根据以下内容组态报警信息。

装有浓缩果汁的储物罐中，果汁液位低于低液位时，产生"液位过低"报警。设置 HMI 报警变量，变量名为"LEVEL"，地址为"MW10"，并且当 MW10 的第 0 位为 1 时，触发"液位过低"报警。组态离散量报警信息，当报警发生时，显示报警信息文本为"液位报警"。

步骤：

1．组态离散量报警的基本步骤

（1）添加 HMI 报警变量

单击"通讯"→"变量"，添加变量名为"LEVEL"的 HMI 报警变量（见图5—22）。

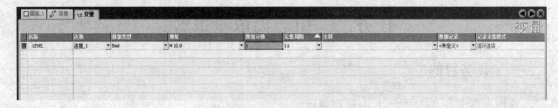

图5—22　添加 HMI 报警变量

（2）添加"离散量报警"、关联变量并组态报警信息

单击"项目"菜单→"报警管理"→"离散量报警"，打开"离散量报警"窗口（见图5—23）。

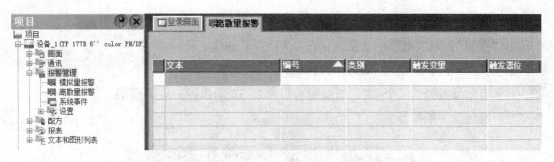

图 5—23   打开"离散量报警"窗口

在组态离散量报警画面空白处双击鼠标左键，按照图 5—24 所示添加离散量报警变量。

图 5—24   添加离散量报警变量

根据任务要求，在"文本"处更改报警显示文本为"液位过低"，系统默认报警编号为 1，报警类别选择在本项目任务二中建立的"液位报警"类别，触发变量选择"LEVEL"，将触发器位设置为"0"，这样就满足当 MW10 的第 0 位为 1 时（相应的位地址为 M11.0）触发该报警。

按照任务要求修改相应属性。

1）在"常规"属性中，离散量报警设置的内容与模拟量报警设置的内容类似。

2）在"确认"属性中，进行以下几项设置（见图 5—25）。

① "确认 PLC"：PLC 中置位该变量可确认该条报警，用于在 PLC 中确认报警。

② "确认 HMI"：报警被确认后，HMI 置位该变量，用于告知 PLC 报警被确认。

图 5—25   确认报警设置

3）在"触发"属性中，进行以下几项设置（见图5—26）。

① "变量"：触发报警的变量。

② "位"：报警由该变量的第几位触发。

对于离散量报警，一个32位的变量可以触发32条报警；对于模拟量报警，一个32位变量只能触发一条报警。

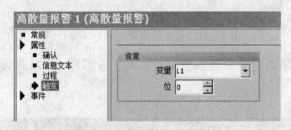

图5—26　报警事件触发设置

任务三　组态模拟量报警

一、任务目的

掌握模拟量报警组态的方法及其属性的设置。

二、任务前准备

1. 教师课前准备

教学用具：授课计划、纸质及电子教案、课件、黑板、粉笔、多媒体设备等。

教学管理资料：实训成绩评价标准、实训室使用记录表、仪器设备维护保养卡等。

2. 学员课前准备

理论知识点准备：模拟量报警组态的方法及其属性的设置。

训练用具清单见表5—3。

表5—3　　　　　　　　　　　　　　　训练用具清单

序号	类别	名称	规格	数量	备注
1	设备	实训台（含计算机、触摸屏）	TP 177B	1 套	
2	设备	打印机	彩色	1 台	
3	工具	一字旋具	3.2 mm×75 mm	1 个	
4	材料	以太网线	2 m	1 根	

三、任务内容

要求：

1. 组态模拟量报警的基本步骤。

2. 根据以下要求组态报警信息。

储物罐中的浓缩果汁温度超过规定的温度 5 ~ 10℃，上下浮动不超过 1% 时，需要产生温度过高和温度过低报警。设置 HMI 报警变量，使用内部变量，变量名为"TEMP"，需要组态两条模拟量报警信息，分别为"温度过高"报警和"温度过低"报警，因此需要一个模拟量变量。当该变量的值为 5 时，触发温度过低报警；当该变量的值为 10 时，触发温度过高报警。

步骤：

1. 组态模拟量报警的基本步骤

（1）添加 HMI 报警变量。

（2）添加模拟量报警并关联变量。

2. 组态报警信息并运行

根据任务要求，虽然当储物罐的温度低于 5℃ 和高于 10℃ 时应当产生报警，但是考虑到温度波动，设置了 1% 的温度波动范围，所以在组态模拟量报警时，使用"滞后"的功能设置此波动范围。

按照上述组态模拟量报警的基本步骤，进行以下操作。

（1）添加 HMI 报警变量

使用内部变量，变量名为"TEMP"。

（2）组态模拟量报警信息并关联变量

单击"项目"菜单→"报警管理"→"模拟量报警"，打开"模拟量报警"窗口（见图 5—27）。

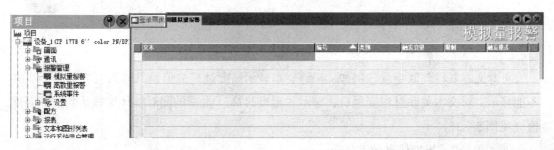

图 5—27 打开"模拟量报警"窗口

在组态模拟量报警画面空白处双击鼠标左键，按照图5—28所示添加模拟量报警变量。

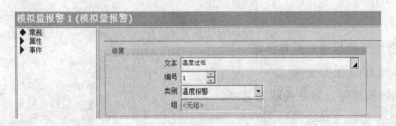

文本	编号	类别	触发变量	限制	触发模式
温度过低	1	温度报警	TEMP	<无限值>	下降沿时
温度过高	2	温度报警	TEMP	<无限值>	上升沿时

图5—28　添加模拟量报警变量

使用鼠标左键双击模拟量报警"文本"下面的空白处，生成模拟量报警，分别定义为"温度过高"和"温度过低"。

按照任务要求修改相应属性。

1）常规设置主要包括以下几项设置（见图5—29）。

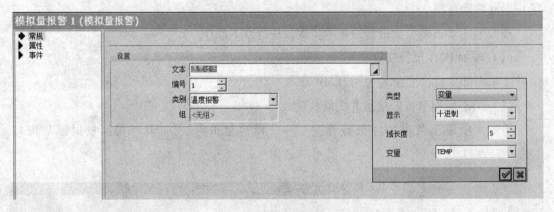

图5—29　模拟量报警常规设置

①"文本"：报警信息的文本，可插入单个或多个过程值（见图5—30）。

图5—30　模拟量报警常规中"文本"的设置

可对文本属性关联变量。例如，报警文本显示温度过高，但是具体的温度值是多少并不能显示，对文本关联过程变量后，显示"温度过高"报警的同时，还能显示当前的温度值（见图5—31）。

②"编号"：报警信息的编号。

③"类别"：报警信息所属的报警类别。

④"组"：报警信息所属的确认组。

2）属性设置主要包括以下几项设置。

①"信息文本"：对报警信息的进一步描述。通过报警视图中的"信息文本"按钮打开（见图5—31）。

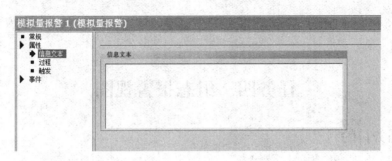

图5—31 报警信息文本组态

②触发：设置报警信息的触发条件（关键属性）（见图5—32）。

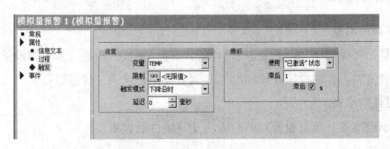

图5—32 报警事件触发条件设置

3）触发设置主要包括以下几项设置。

①"变量"：触发变量（字节、字、双字、整数、浮点数等都可以作为触发变量）。

②"限制"：设置限制值。

③"触发模式"：如果是高于限制值报警，设为"上升沿时"；如果是低于限制值报警，则设为"下降沿时"。

④"延迟"：设置延迟发出报警的时间。

⑤"滞后"：模拟量数值经过滞后，报警状态才发生变化。滞后的数值可以是绝对数值，也可以是百分比。例如，"温度过高"报警超过10就开始报警，按照如图5—33所示选择滞后百分比，使用条件"已激活"状态，即温度在 $10 + 10 \times 1\%$ 的数值时，进行报警；如果不选择滞后百分比，则为 $10 + 1$ 的数值开始报警（见图5—33）。

使用条件"已取消激活"状态，如果不选择滞后百分比，那么温度为9的数值时就可以取消激活；选择滞后百分比后，温度在 $10 - 10 \times 1\%$ 的数值下，可以取消激活（见图5—34）。

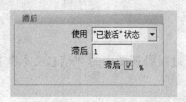

图 5—33 激活滞后报警设置   图 5—34 取消滞后报警

任务四 组态报警视图

一、任务目的

掌握组态报警视图的方法及其属性的设置。

二、任务前准备

1. 教师课前准备

教学用具：授课计划、纸质及电子教案、课件、黑板、粉笔、多媒体设备等。

教学管理资料：实训成绩评价标准、实训室使用记录表、仪器设备维护保养卡等。

2. 学员课前准备

理论知识点准备：组态报警视图的方法及其属性的设置。

训练用具清单见表5—4

表5—4   训练用具清单

序号	类别	名称	规格	数量	备注
1	设备	实训台（含计算机、触摸屏）	TP 177B	1 套	
2	设备	打印机	彩色	1 台	
3	工具	一字旋具	3. 2 mm×75 mm	1 个	
4	材料	以太网线	2 m	1 根	

三、任务内容

要求：

1. 组态模拟量报警。

2. 根据以下要求组态两条温度报警。

（1）温度过高报警。设置温度报警限制值为100，当温度值大于105时激活报警，并显示当前温度；当温度值小于96时取消报警。

（2）温度过低报警。设置温度报警限制值为20，当温度值低于20时激活报警，并显示当前温度；当温度值高于20时取消报警。

3. 组态离散量报警。

4. 根据以下要求组态一条水位报警

当M11.0为"1"时，激活"水位报警"。

步骤：

1. 组态模拟量报警（见图5—35）。

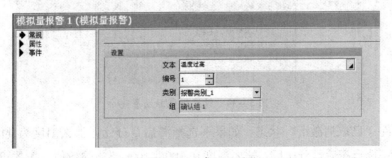

图5—35　模拟量报警组态窗口

使用鼠标左键双击模拟量报警画面空白处，生成模拟量报警，分别定义为"温度过高"和"温度过低"。

常规设置中可以设置文本、编号、类别、组等相应属性（见图5—36和图5—37）。

图5—36　常规设置

属性设置中可以设置信息文本、过程、触发等相应属性（见图5—38）。

触发设置中可以设置变量、限制、延迟、滞后等相应属性（见图5—39）。

其中，模拟量数值经过滞后，报警状态才发生变化，滞后的数值可以是绝对数值，也可以是百分比。例如，"温度过高"报警超过100就开始报警，按照图5—40所示选择滞后百分比，使用条件"已激活"状态，即温度在$100+100×5\%$的数值时，进行报警；如果不选择滞后百分比，则温度在$100+5$的数值时开始报警。

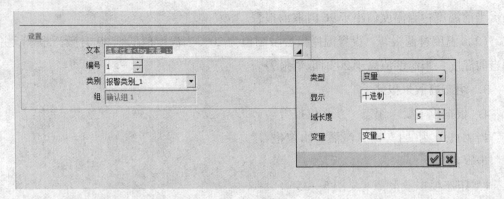

图5—37　添加文本

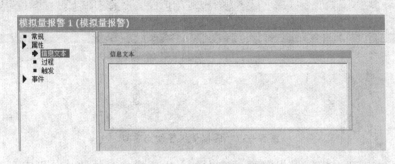

图5—38　设置报警信息文本

图5—39　设置报警触发条件

使用条件"已取消激活"状态，如果不选择滞后百分比，那么温度为99的时候就可以取消激活；选择滞后百分比后，需要温度在 $100 - 100 \times 5\%$ 的数值下，才可以取消激活（见图5—41）。

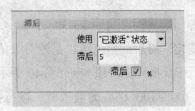

图5—40　激活滞后报警设置

图5—41　取消滞后报警

事件设置中，可以设置激活、取消激活、编辑三种状态，每条报警相应有三种状态可以设置（见图5—42）。

2. 组态以下两条温度报警（见图5—43和图5—44）。

（1）对组态报警确认组和报警类别等进行相关设置。

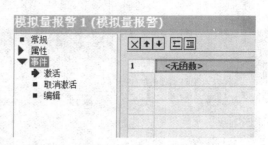

图5—42　报警事件类型

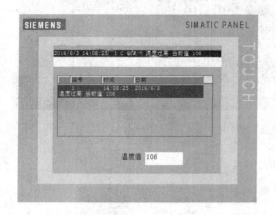

图5—43　温度过高报警

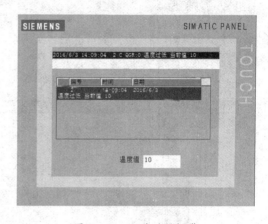

图5—44　温度过低报警

1）确认组：设置成确认组1（见图5—45和图5—46）。

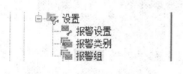

图5—45　设置报警组

图5—46　添加确认组1

2）报警类别：设置成温度报警（见图5—47）。

图5—47　设置报警类别

3）报警设置：可使用系统默认设置（见图5—48）。

（2）组态报警变量，对报警重要属性进行设置。

1）"温度过高"报警设置（见图5—49和图5—50）。

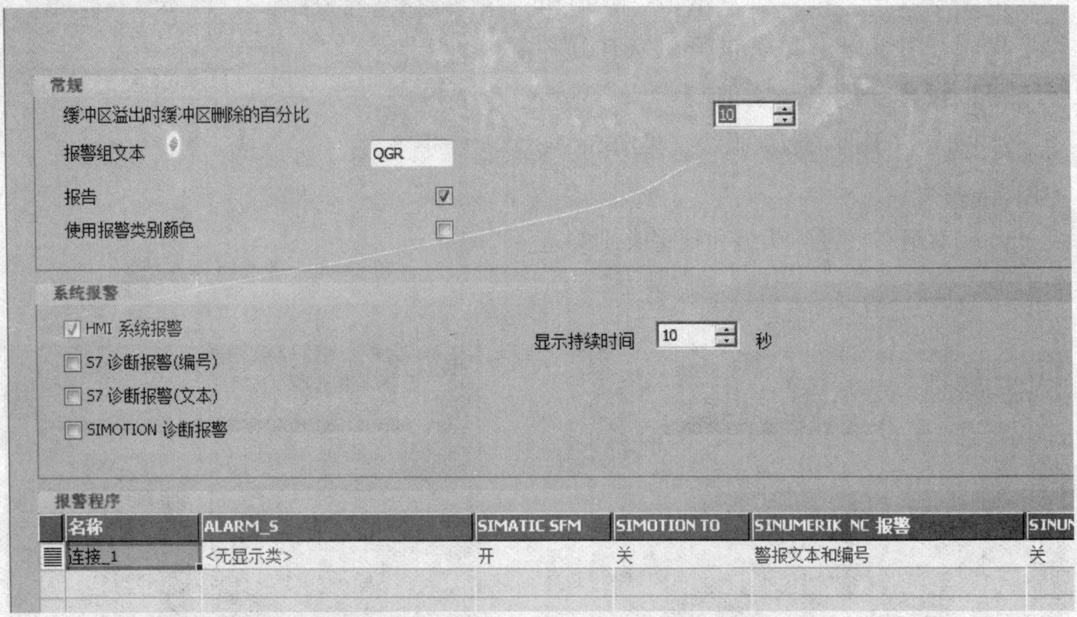

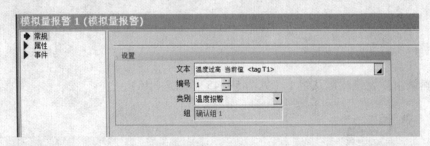

图 5—48　报警设置

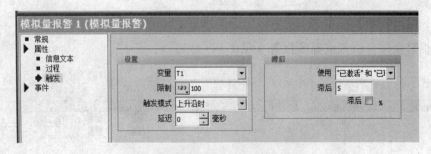

图 5—49　模拟量报警 1 常规设置

图 5—50　模拟量报警 1 触发设置

2）"温度过低"报警设置（见图 5—51 和图 5—52）。

至此，两条温度报警组态完成（见图 5—53）。

3）组态报警控件。当前页面包含两部分报警控件，分别为报警视图和报警窗口。

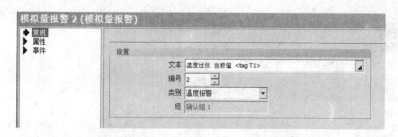

图 5—51　模拟量报警 2 常规设置

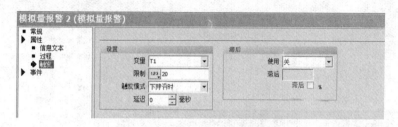

图 5—52　模拟量报警 2 触发设置

文本	编号	类别	触发变量	限制	触发模式
温度过高 当前值 <tag T1>	1	温度报警	T1	100	上升沿时
温度过低 当前值 <tag T1>	2	温度报警	T1	20	下降沿时

图 5—53　报警变量组态结果

报警窗口组态需要在"模板"画面中进行。

①在"工具"菜单下选择"增强对象"→"报警窗口"（见图 5—54）。

②在模板画面上拖曳鼠标左键，建立报警窗口（见图 5—55）。

③对报警窗口进行设置（见图 5—56 和图 5—57）。

4）报警视图组态（在用户画面中进行组态）（见图 5—58）。

①在"工具"菜单下选择"报警视图"（见图 5—58）。

②在用户画面上拖曳鼠标左键，建立报警窗口（见图 5—59）。

图 5—54　选择"报警窗口"

85

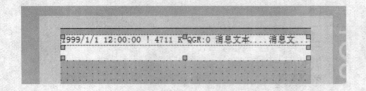

图5—55 建立报警窗口　　　　　　　　图5—56 选择视图类型

图5—57 报警窗口常规设置　　　　　　图5—58 选择"报警视图"

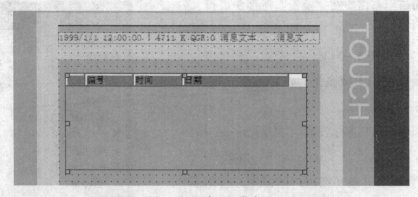

图5—59 建立报警窗口

③对报警视图进行设置（见图5—60）。

至此，报警组态完成。

5）运行测试。

①设置温度值为"40"，系统不显示报警（见图5—61）。

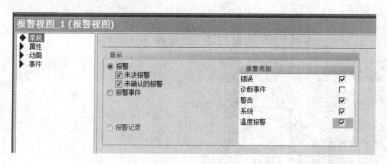

图5—60 报警视图常规设置

②设置温度值为"106",报警显示如图5—62所示;温度值恢复为"95",报警取消（见图5—63）。

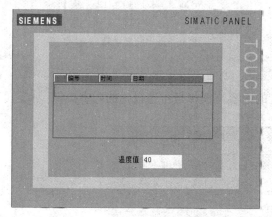

图5—61 报警测试

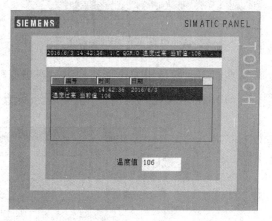

图5—62 温度过高报警视图

③设置温度值为"10",报警显示如图5—64所示;温度值恢复为"21",报警取消（见图5—65）。

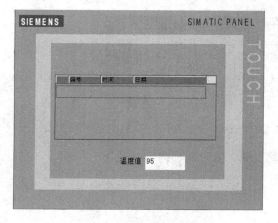

图5—63 温度正常时报警视图

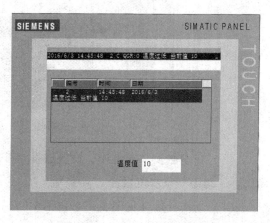

图5—64 温度过低报警视图

3. 组态离散量报警

创建离散量报警，先单击"离散量报警"（见图 5—66）。

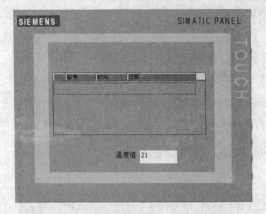

图 5—65　温度正常时报警视图　　　　　　　　图 5—66　报警管理

在组态离散量报警画面空白处，双击鼠标左键，创建离散量报警（见图 5—67）。

（1）在"常规"属性中，离散量报警设置的内容与模拟量报警设置的内容类似。

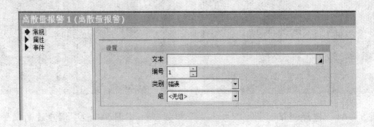

图 5—67　创建离散量报警

（2）在"确认"属性中，设置"确认 PLC"和"确认 HMI"两项内容（见图 5—68）。

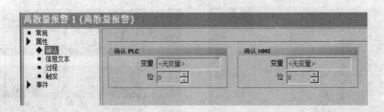

图 5—68　确认报警设置

（3）在"触发"属性中，设置触发"变量"和"位"两项内容（见图 5—69）。

4. 组态一条水位报警

（1）组态变量（见图 5—70 和图 5—71）。

（2）运行系统（见图 5—72）。

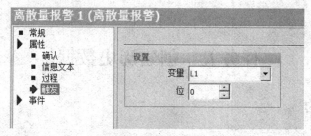

图 5—69　触发属性设置

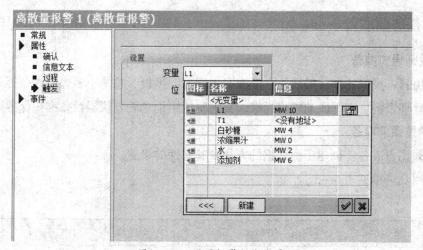

图 5—70　设置报警触发变量

图 5—71　报警变量

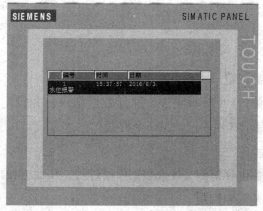

图 5—72　水位报警

任务五　创建历史数据

一、任务目的

掌握创建历史数据的方法及其属性的设置。

二、任务前准备

1．教师课前准备

教学用具：授课计划、纸质及电子教案、课件、黑板、粉笔、多媒体设备等。

教学管理资料：实训成绩评价标准、实训室使用记录表、仪器设备维护保养卡等。

2．学员课前准备

理论知识点准备：创建历史数据的方法及其属性的设置。

训练用具清单见表5—5。

表5—5　　　　　　　　　　　　　　训练用具清单

序号	类别	名称	规格	数量	备注
1	设备	实训台（含计算机、触摸屏）	TP 177B	1 套	
2	设备	打印机	彩色	1 台	
3	工具	一字旋具	3.2 mm×75 mm	1 个	
4	材料	以太网线	2 m	1 根	

三、任务内容

要求：

根据以下要求组态数据记录。

对罐体中浓缩果汁的温度值每隔5 s进行数据记录，并设定记录温度的上限值为11℃，下限值为5℃，每个文件中记录500个数据。

步骤：

数据记录是把过程数据存储到文件或数据库的过程，从而方便用户对数据进行分析和处理，以及对系统进行监测和控制。

WinCC flexible数据记录分为变量（内部/外部变量）的数据记录和报警记录。

1. 组态数据记录

根据任务要求，进行以下实操。

（1）创建数据记录并设置属性

根据要求，使用循环记录的方式对数据进行记录。单击"历史数据"→"数据记录"（见图5—73）。

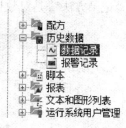

图5—73　创建数据记录

在画面空白处，双击单元格，新建数据记录，命名为"浓缩果汁温度记录"（见图5—74）。

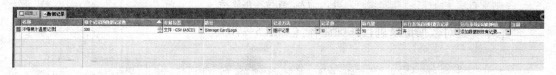

图5—74　新建数据记录

1）在"常规"选项中，可以设置每个数据记录中需要记录数据的条数、存储位置和存储路径等常规属性（见图5—75）。

图5—75　数据记录

2）在"属性"选项中，"重启动作"是设置触摸屏重启时数据记录执行的相关动作（见图5—76）。

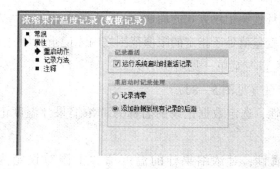

图5—76　重启动作设置

"记录方法"是对数据记录的方式进行定义（见图5—77）。

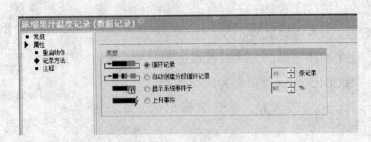

图5—77　数据记录方法

"注释"是对数据记录进行详细注释（见图5—78）。

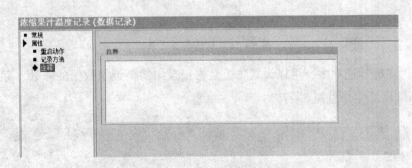

图5—78　设置注释

（2）对变量设置记录功能属性

主要的功能属性如下：

1）名称：选择一个数据记录。

2）采集模式

①变化时：变量值有变化时，触发记录。

②根据命令：通过LogTag系统函数触发记录。

③循环模式：以固定时间间隔触发记录。

3）记录周期：循环连续记录方式的周期。

4）记录限制值：变量值处于指定的限值范围之内才记录变量。

单击窗口左侧"变量"菜单（见图5—79）。

新建"TEMP"变量（见图5—80）。

设置"记录"属性，选定数据记录的名称为"浓缩果汁温度记录"（见图5—81）。

"记录限制值"属性，对浓缩果汁的温度值"上限"设定为"11"、"下限"设定为"5"（见图5—82）。

图5—79　通讯变量

图 5—80 添加变量 "TEMP"

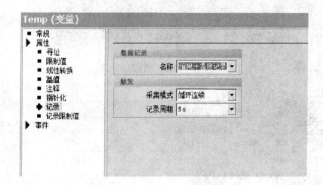

图 5—81 记录属性设置

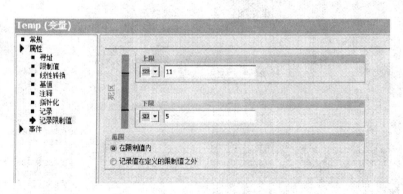

图 5—82 记录限制值设置

（3）运行测试

在用户画面上，新建一个 IO 域，关联 "TEMP" 变量（见图 5—83）。

运行系统，手动更改 "TEMP" 变量值。

查看数据记录结果：按照组态数据记录时所设定数据记录在计算机中的保存地址，查找数据记录文件（见图 5—84）。

双击 "浓缩果汁温度记录" 文件，显示了温度的数据记录（见图 5—85）。

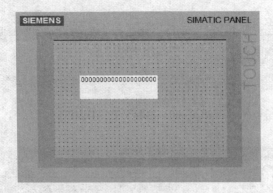

图5—83　添加"TEMP"数显

图5—84　数据记录文件路径

	A	B	C	D	E
1	VarName	TimeString	VarValue	Validity	Time_ms
2	TEMP	2016/6/24 14:45	7	1	42545614644
3	TEMP	2016/6/24 14:45	5	1	42545614876
4	TEMP	2016/6/24 14:45	6	1	42545614934
5	TEMP	2016/6/24 14:45	8	1	42545614992
6	TEMP	2016/6/24 14:45	8	1	42545615050
7	TEMP	2016/6/24 14:45	8	1	42545615107
8	TEMP	2016/6/24 14:45	8	1	42545615165
9	TEMP	2016/6/24 14:45	8	1	42545615223
10	TEMP	2016/6/24 14:46	8	1	42545615281
11	TEMP	2016/6/24 14:46	8	1	42545615339
12	TEMP	2016/6/24 14:46	8	1	42545615397
13	TEMP	2016/6/24 14:46	8	1	42545615455
14	TEMP	2016/6/24 14:46	8	1	42545615513
15	TEMP	2016/6/24 14:46	8	1	42545615570
16	TEMP	2016/6/24 14:46	8	1	42545615628
17	TEMP	2016/6/24 14:46	8	1	42545615686
18	TEMP	2016/6/24 14:46	8	1	42545615744
19	TEMP	2016/6/24 14:46	8	1	42545615802
20	TEMP	2016/6/24 14:46	8	1	42545615860
21	TEMP	2016/6/24 14:46	5	1	42545615918
22	TEMP	2016/6/24 14:47	7	1	42545615976
23	TEMP	2016/6/24 14:47	9	1	42545616033
24	TEMP	2016/6/24 14:47	9	1	42545616091
25	TEMP	2016/6/24 14:47	9	1	42545616149
26	TEMP	2016/6/24 14:47	9	1	42545616207

图5—85　数据记录文本

任务六　生成报表

一、任务目的

1. 了解生成报表的作用。
2. 掌握生成报表组态。

二、任务前准备

1. 教师课前准备

教学用具：授课计划、纸质及电子教案、课件、黑板、粉笔、多媒体设备等。

教学管理资料：实训成绩评价标准、实训室使用记录表、仪器设备维护保养卡等。

2. 学员课前准备

理论知识点准备：生成报表的作用，打印报表。

训练用具清单见表5—6。

表5—6　　　　　　　　　　　训练用具清单

序号	类别	名称	规格	数量	备注
1	设备	实训台（含计算机、触摸屏）	TP 177B	1套	
2	设备	打印机	彩色	1台	
3	工具	一字旋具	3.2 mm×75 mm	1个	
4	材料	以太网线	2 m	1根	

三、任务内容

要求：

1. 根据以下要求，打印变量、配方数据和报警报表。

选择打印选项，进行文档属性设置，完成打印。

2. 根据以下要求，打印浓缩果汁的温度报警报表和饮料配方数据。

对打印配方报表和组态报警报表进行详细设置。运行系统，生产报表文件，完成打印。

步骤：

使用报表，可将项目数据、过程数据、报警信息、配方数据等进行打印浏览。

可创建和输出的报表类型主要有以下几类：

（1）项目文档报表。项目文档报表包含项目的组态数据。

（2）运行系统数据报表。

1. 打印变量、配方数据和报警报表。

单击"项目"菜单→"打印项目文档"（见图5—86和图5—87）。

根据任务内容的要求选择"画面""变量""报警""配方"4个打印选项（见图5—88）。

图5—86　打印项目文档

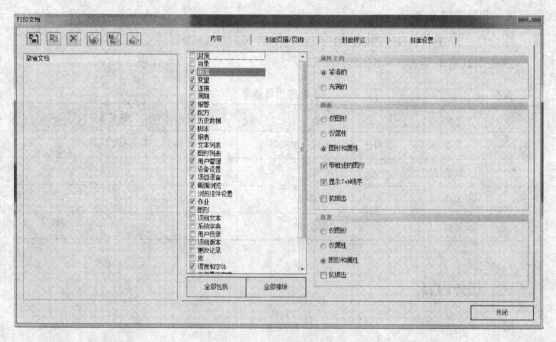

图5—87　打印文档设置

对文档的属性进行相应设置，在此通常使用默认设置（见图5—89）。

也可以对封面的样式、页眉、页脚等进行相应设置，在此也使用默认设置。

设置完成后，可以对文档进行打印前的预览。单击 按钮出现以下画面（见图5—90）。

图 5—88　选取打印内容　　　　　　　　图 5—89　文档属性设置

图 5—90　文件打印预览前状态

以上画面消失后，就出现了打印的预览文档（见图5—91）。

单击 画面，选择要预览的报表。显示的报表在正常情况下，单击打印 🖶 按

钮，对报表进行打印。

2. 根据任务要求，打印浓缩果汁的温度报警报表和饮料配方数据。

（1）单击"报表"菜单，双击"添加报表"，生成新报表，默认名称为"报表_1"，重命名报表为"报警和配方报表"（见图5—92）。

（2）添加新报表后，画面右侧出现报表的设置格式。可以根据需求，对报表的表头、页眉、详细页面、页脚、报表页脚进行设置（见图5—93）。

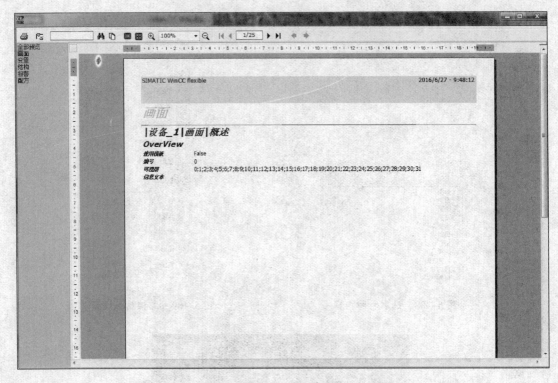

图 5—91　打印预览文档

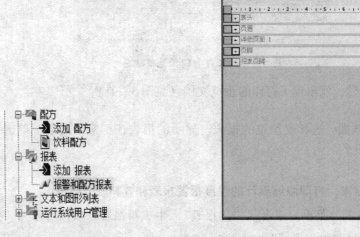

图 5—92　添加报表　　　　　　　　　　　图 5—93　报表设置

　　1）表头。表头也就是报表的封面，根据任务要求，将浓缩果汁的温度报表命名为
"饮料加工厂果汁配方和报警信息统计报表"（见图 5—94）。

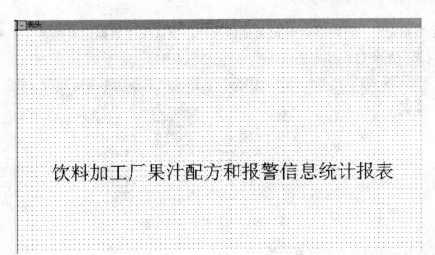

图 5—94　添加表头

2）页眉。类似 Word 文档，可以给报表设置页眉，将公司名称等相关信息设置为报表的页眉。在此设置页眉为"××××饮料加工厂"，也可根据需求进行其他设置或者不添加页眉。如果不添加页眉，在报表属性设置画面中取消选中"启用页眉"复选框，即可（见图5—95）。

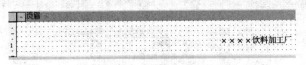

图 5—95　添加页眉视图

3）详细页面。按照任务要求，需要对配方和报警信息进行报表统计，可以使用相关的控件。在"报表"菜单下，有"打印配方"和"打印报警"两个控件。在详细页面 1 中拖曳"打印配方"（见图 5—96）。

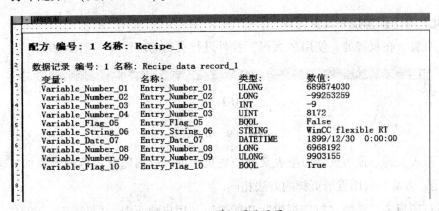

图 5—96　详细页面设置

4）设置打印配方报表。在"常规"属性中设置相关属性，选择要进行报表打印的配方名称。选择之前建立好的"饮料配方"，在组态配方时，组态了"橘子汁"和"苹果

汁"两条数据记录；将两条数据记录全部统计，所以在"数据记录选择"选项中选择
"全部"（见图5—97）。

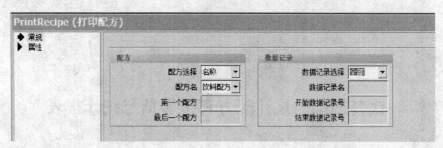

图5—97　打印配方常规设置

至此，打印配方报表的设置完成。

5）设置组态报警报表。添加"详细页面2"，组态打印报警报表，方法与配方报表类
似。设置报警报表的相关属性，"报警源"选择"报警事件"；"排序"选择是"最新的报警
最先"还是"最老的报警最先"；"报警类别"中选择要统计的报警类别（见图5—98）。

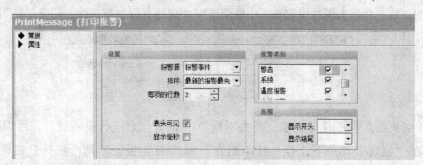

图5—98　打印报警常规设置

至此，组态报警报表设置完成。

6）页脚。在页脚处，使用"页码"控件进行页码的统计（见图5—99）。

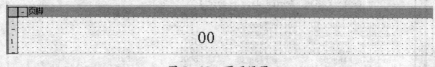

图5—99　页码设置

7）报表页脚。报表页脚为报表文档的底页，可以根据需要进行内容添加，也可以不
进行启用，方法与启用页眉页脚的方法相同。

8）打印报表。添加"打印报表"功能按钮（用户画面中）（见图5—100）。

将按钮的"事件"属性设置为"PrintReport"，选择组态的"报警和配方报表"（见图
5—101）。

图 5—100　添加"打印报表"按钮

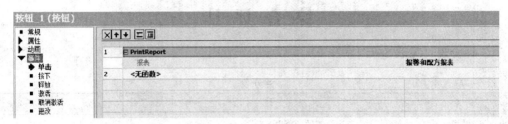

图 5—101　按钮事件设置

运行系统，单击"打印报表"按钮（见图 5—102）。

图 5—102　单击"打印报表"按钮

出现报表的存储位置和默认的文件名（见图 5—103），将报表文件名更改为"报警和配方报表"。

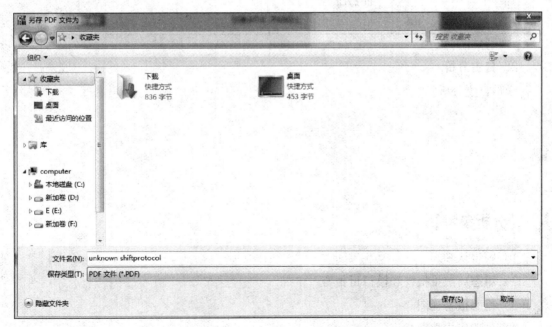

图 5—103　保存报表文件

单击"保存"按钮，系统出现保存的进度条，进度条完成后，生成报表文件，并且可进行预览。

综 合 评 估

1. 评分表（见表5—7）

表5—7   评分表

序号	评分项目	配分	评分标准	扣分	得分
1	思考练习	15	3道简答题，每题5分		
2	实训操作	60	6道实训题，每题10分 根据操作步骤是否符合要求酌情给分		
3	安全操作	20	违反操作规定扣5分 操作完毕不进行现场整理扣5分 造成设备损坏和人身安全事故不得分		
4	纪律遵守	5	迟到、早退每次扣0.5分 旷课每次扣2分 上课喧哗、聊天每次扣2分 扣完为止		
	总分	100			

2. 自主分析

学员自主分析：

【分析参考】

1）报警认知。

2）组态离散量报警和模拟量报警。

3）组态报警视图。

4）创建历史数据。

5）生成报表。

项目六

创建配方

任务一　配　方　认　知

一、任务目的

1. 掌握配方的基本定义。
2. 掌握配方相关的各类基本概念。
3. 掌握配方的数据流向。

二、任务前准备

教学用具：授课计划、纸质及电子教案、课件、黑板、粉笔、多媒体设备等。

教学管理资料：实训成绩评价标准、实训室使用记录表、仪器设备维护保养卡等。

三、任务内容

1. 配方的识别

配方是较为广义的概念，是指为某种物质的配料提供方法和配比的处方。

以成分配方为例：饮料生产线生产的饮料种类很多，如苹果汁、橙汁等。可以把苹果汁、橙汁等叫作一个配方，其中苹果汁有苹果汁的配方，橙汁有橙汁的配方。在一个配方中有各种成分及其比例，例如，对于苹果汁来说，包含水多少克，糖多少克，苹果多少克等；对于橙汁来说，也包含水多少克，糖多少克，橙汁多少克，但是跟苹果汁的配方通常是不相同的。

以木材厂木板为例：同一台机器生产不同尺寸的木板，需要调整机器的参数（如一块木板的长宽高等），这些都是一个配方中不同的参数。

2. 配方的基本结构

以饮料工厂中的配料站为例介绍配方的基本结构。

在一个饮料工厂中，同一个配方需要用于不同的口味。各种饮料产品包括果汁饮料、果汁和蜜露。

3. 配方的数据流向

配方数据在操作面板中的数据流向。

配方数据在 3 大部分中进行流向：这 3 大部分分别为 HMI 设备、PLC、HMI 设备外的外部存储介质（U 盘、计算机硬盘、网盘等）。

其中在 HMI 设备中包括：

配方视图（控件）和配方画面：用来显示和操作配方，使操作员进行操作或浏览。

配方存储器：即后台，相当于图 6—1 中的抽屉，存放每种配方中的成分或者元素的值。

配方变量：配方变量中包含有配方数据。在配方画面中编辑配方时，配方值将保存在配方变量中。

配方存储器：操作面板的闪存或存储卡。

四、思考练习

1. 将配方的基本结构填入空白处（见图 6—1）。

2. 回答图 6—2 中 1~6 各项代表的功能。

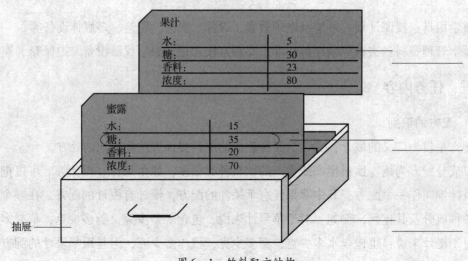

图 6—1　饮料配方结构

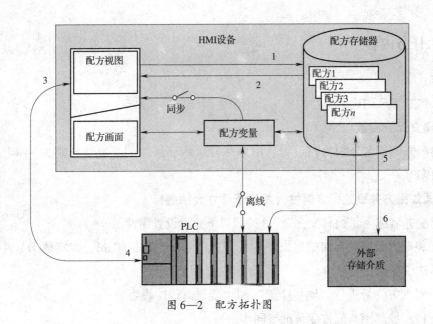

图6—2 配方拓扑图

任务二　创建新配方

一、任务目的

1．掌握配方、配方元素和配方数据记录的基本概念和区别。
2．掌握创建新配方变量的方法。

二、任务前准备

1．教师课前准备

教学用具：授课计划、纸质及电子教案、课件、黑板、粉笔、多媒体设备等。

教学管理资料：实训成绩评价标准、实训室使用记录表、仪器设备维护保养卡等。

2．学员课前准备

理论知识点准备：配方元素和配方数据记录的基本概念，创建新配方变量的方法。

训练用具清单见表6—1。

表6—1 训练用具清单

序号	类别	名称	规格	数量	备注
1	设备	实训台（含计算机、触摸屏）	TP 177B	1套	
2	工具	一字旋具	3.2 mm×75 mm	1个	
3	材料	以太网线	2 m	1根	

三、任务内容

要求：

为饮料加工厂创建苹果汁和橘子汁两个生产配方。

1. 建立配方变量

新建配方变量名分别为白砂糖、浓缩果汁、水、添加剂，地址分别为 MW4、MW0、MW2、MW6。

2. 添加配方并设置配方属性（相当于建立大抽屉）

新建配方名称为"饮料配方"，并按照以下要求设置属性。

（1）将配方数据的存储位置设置为 MMC（Multi – Media Card，多媒体卡）中，并解释为何不建议存储在闪存中。

（2）对配方变量进行"同步变量"和"变量离线"设置。

（3）PLC 控制不与配方变量进行同步。

（4）对配方添加"果汁含量不低于 50%"注释。

3. 添加配方成分并为每个成分关联配方变量

将"白砂糖""浓缩果汁""水""添加剂"这 4 个配方变量添加到配方成分中，并关联变量，更改相应的名称。同时将各配方元素含量的缺省值设置为 20、30、40、50。

4. 配置数据记录

新建"苹果汁"和"橘子汁"两条数据记录。

（1）将"苹果汁"中 4 种元素的含量分别设置为 10、20、30、40。

（2）将"橘子汁"中 4 种元素的含量分别设置为 7、8、9、11。

步骤：

为饮料加工厂创建苹果汁和橘子汁两个生产配方。

1. 建立配方变量

根据任务内容的要求，单击"通讯"菜单，按照配方中的配方元素名称，建立配方变量。新建配方变量名分别为白砂糖、浓缩果汁、水、添加剂。地址分别为 MW4、MW0、MW2、MW6（见图 6—3）。

2. 添加配方并设置配方属性（相当于建立大抽屉）

单击"配方"菜单，双击"添加配方"按钮，视图右侧出现配方设置界面，系统默认配方名为"配方_ 1"，在配方设置界面的上部有"名称""显示名称""编号""版本"4 个属性。其中"名称"是建立的配方名称，"显示名称"是在配方视图中显示的配方名称，两个名称可以相同，"编号"是对建立的配方进行编号，相当于对大抽屉进行编号。

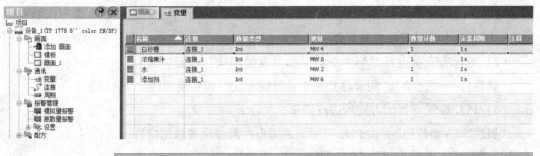

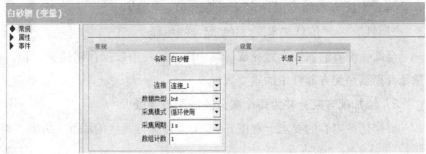

图6—3　建立配方变量

根据任务内容的要求，可将配方的显示名称更改为"饮料配方"（见图6—4）。

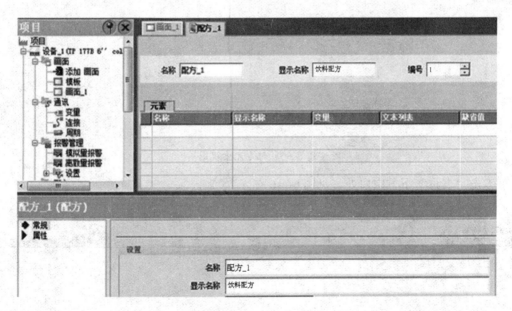

图6—4　饮料配方

相关属性设置方法如下：

（1）设置配方数据的存储位置。

"属性"→"数据媒介"，数据媒介用来设置配方数据的存储位置，可以选择将配方数据存储在"FLASH"闪存中，也可以选择存储在 MMC 卡中。因为闪存有读写次数的限制，所以在此不建议将配方数据存在闪存中。

（2）对配方变量进行"同步变量"和"变量离线"设置。

"属性"→"选项"，用来选择是否进行同步变量和变量离线。

（3）PLC 控制不与配方变量进行同步。

"属性"→"传送"，由 PLC 控制是否同步，需要设置数据指针。

（4）对配方添加"果汁含量不低于 50%"注释。

"属性"→"信息文本"，添加配方的注释。

至此，配方的属性设置完成。其中配方属性中数据存储位置、是否进行同步变量和变量是否离线是配方属性中的重要属性。

3. 添加配方成分并为每个成分关联配方变量

根据任务内容的要求，在图 6—5 中进行配方元素的添加，并且关联配方变量。

图 6—5 配方元素视图

双击"名称"下方空白处（见图 6—6）。

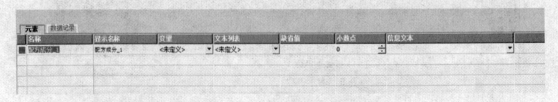

图 6—6 新建配方视图

单击"变量"下拉菜单（见图 6—7）。

选择配方变量名为"白砂糖"的配方变量，以此类推，添加其他 3 个配方元素并关联变量（见图 6—8）。

图6—7 选择变量类型

元素	数据记录						
名称	显示名称	变量	文本列表	缺省值	小数点	信息文本	
配方成分_1	配方成分_1	白砂糖	<未定义>	0	0		
配方成分_2	配方成分_2	浓缩果汁	<未定义>	0	0		
配方成分_3	配方成分_3	水	<未定义>	0	0		
配方成分_4	配方成分_4	添加剂	<未定义>	0	0		

图6—8 添加其余变量

对每个配方元素的属性进行设置。

（1）在"常规"设置中，对配方元素的名称和配方视图中的显示名称进行设置。按照任务中的要求，显示名称分别为白砂糖、浓缩果汁、水和添加剂。同时对配方元素的名称也进行更改，以便在后续配置数据记录时，各配方元素的名称清晰明了（见图6—9和图6—10）。

元素	数据记录						
名称	显示名称	变量	文本列表	缺省值	小数点	信息文本	
配方成分_1	配方成分_1	白砂糖	<未定义>	0	0		
配方成分_2	配方成分_2	浓缩果汁	<未定义>	0	0		
配方成分_3	配方成分_3	水	<未定义>	0	0		
配方成分_4	配方成分_4	添加剂	<未定义>	0	0		

图6—9 配方元素视图

元素	数据记录					
名称	显示名称	变量	文本列表	缺省值	小数点	信息文本
白砂糖	白砂糖	白砂糖	<未定义>	0	0	
浓缩果汁	浓缩果汁	浓缩果汁	<未定义>	0	0	
水	水	水	<未定义>	0	0	
添加剂	添加剂	添加剂	<未定义>	0	0	

图6—10 配方元素属性设置

（2）在"属性"设置中，对配方变量的基值进行设置及对各元素进行注释（见图6—11）。

图6—11　设置元素基值和注释

4. 配置数据记录

（1）单击"数据记录"选项（见图6—12）。

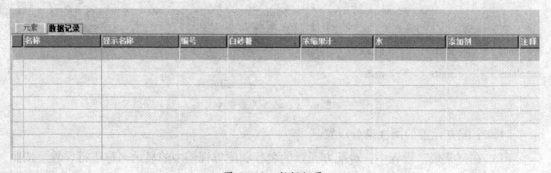

图6—12　数据记录

（2）在"数据记录"下方的空白处双击，添加一条数据记录（见图6—13）。

图6—13　添加数据记录

（3）根据任务内容的要求，在数据记录中可以设置各配方元素的含量。

任务三　组态配方视图

一、任务目的

1. 了解配方视图中各选项的相关属性。

2. 掌握组态配方视图的基本方法。

二、任务前准备

1. 教师课前准备

教学用具：授课计划、纸质及电子教案、课件、黑板、粉笔、多媒体设备等。

教学管理资料：实训成绩评价标准、实训室使用记录表、仪器设备维护保养卡等。

2. 学员课前准备

理论知识点准备：配方视图中各选项的相关属性，组态配方视图的基本方法。

训练用具清单见表6—2。

表6—2　　　　　　　　　　　　　　训练用具清单

序号	类别	名称	规格	数量	备注
1	设备	实训台（含计算机、触摸屏）	TP 177B	1 套	
2	工具	一字旋具	3.2 mm×75 mm	1 个	
3	材料	以太网线	2 m	1 根	

三、任务内容

要求：

根据以下要求组态配方视图，并对配方视图进行属性设置。

1. 将"配方名"设置为"饮料配方"。

2. 将变量名为"store"的变量设置为用于存储配方编号或配方名称。

3. 将变量名为"record"的变量设置为用于存储数据记录编号或名称的变量。

4. 触摸屏程序运行时，设置可以对每个配方元素的含量进行更改。

5. 设置在配方视图中可以显示各配方元素的名称和含量。

6. 选择配方视图为"高级视图"显示模式，创建苹果汁和橘子汁两个生产配方。

步骤：

根据任务内容的要求，进行以下实操。

单击画面视图，单击右侧"工具"菜单→"增强对象"→"配方视图"，在画面上进行拖曳，出现配方视图（见图6—14和图6—15）。

相关属性设置方法如下。

1. 将"配方名"设置为"饮料配方"。"配方名"是在配方视图中显示的配方的名称，在本任务内容中，显示的配方名称应为"饮料配方"。

2. 将变量名为"store"的变量设置为用于存储配方编号或者配方名称。"用于编号/名称的变量"是存储配方编号或者配方名称的变量。

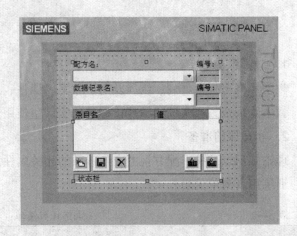

图6—14 选择"配方视图"　　　　　　　　图6—15 配方命名视图

3．将变量名为"record"的变量设置为用于存储数据记录编号或者名称的变量。数据记录属性中"用于编号/名称的变量"是存储数据记录编号或者名称的变量。

4．触摸屏程序运行时，设置可以对每个配方元素的含量进行更改。"激活编辑模式"选择激活，可以对配方中每个元素的含量进行更改。

5．设置在配方视图中可以显示各配方元素的名称和含量。"显示表格"可在配方视图的条目栏中显示每个元素的名称和含量。

6．选择配方视图为"高级视图"显示模式。视图类型可对配方视图进行高级和简单视图的设置。

运行效果图如图6—16和图6—17所示。

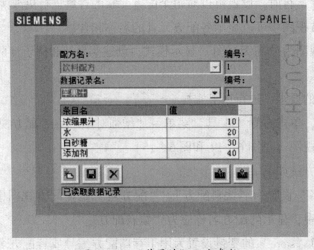

图6—16 "苹果汁"配方参数

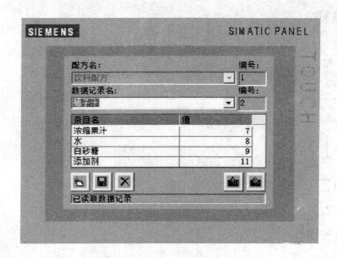

图 6—17 "橘子汁"配方参数

综 合 评 估

1. 评分表（见表 6—3）

表 6—3   评分表

序号	评分项目	配分	评分标准	扣分	得分
1	思考练习	30	3 道简答题，每题 10 分		
2	实训操作	30	2 道实训题，每题 15 分 根据操作步骤是否符合要求酌情给分		
3	安全操作	20	违反操作规定扣 5 分 操作完毕不进行现场整理扣 5 分 造成设备损坏和人身安全事故不得分		
4	纪律遵守	20	迟到、早退每次扣 0.5 分 旷课每次扣 2 分 上课喧哗、聊天每次扣 2 分 扣完为止		
	总分	100			

2. 自主分析

学员自主分析：

【分析参考】

1）配方认知。

2）创建新配方。

3）组态配方视图。

项目七

添加界面切换

任务一 界面切换认知

一、任务目的

了解界面切换的作用。

二、任务前准备

教学用具：授课计划、纸质及电子教案、课件、黑板、粉笔、多媒体设备等。

教学管理资料：实训成绩评价标准、实训室使用记录表、仪器设备维护保养卡等。

三、任务内容

1. 界面切换的识别

随着工业自动化的发展，西门子 HMI 产品为客户提供了友好的界面、便捷的操作方式，使得整个系统中的设备状态可以清晰地显示在画面上，并由操作员进行控制。画面间的灵活切换，给操作员控制和监控系统带来了很大的便利。

2. 组态界面切换的基本步骤

组态界面切换功能主要分为以下步骤：

（1）新建用户界面。

（2）组态界面切换按钮的属性设置。

（3）组态完成后运行测试。

四、思考练习

阐述组态界面切换的基本步骤。

任务二　实现界面切换

一、任务目的

掌握界面切换的组态。

二、任务前准备

1. 教师课前准备

教学用具：授课计划、纸质及电子教案、课件、黑板、粉笔、多媒体设备等。

教学管理资料：实训成绩评价标准、实训室使用记录表、仪器设备维护保养卡等。

2. 学员课前准备

理论知识点准备：界面切换的组态。

训练用具清单见表7—1。

表7—1　　　　　　　　　　　　　训练用具清单

序号	类别	名称	规格	数量	备注
1	设备	实训台（含计算机、触摸屏）	TP 177B	1套	
2	工具	一字旋具	3.2 mm×75 mm	1个	
3	材料	以太网线	2 m	1根	

三、任务内容

要求：

根据以下要求，实现界面切换。

新建两个用户画面，组态界面切换按钮，完成两个用户界面的自由切换。

步骤：

1. 新建两个用户画面，分别命名为"画面切换1"和"画面切换2"（见图7—1）。

图7—1　画面切换设置

2. 在两个用户画面上，分别添加操作按钮。

3. 给用户画面"画面切换1"添加按钮（见图7—2）。

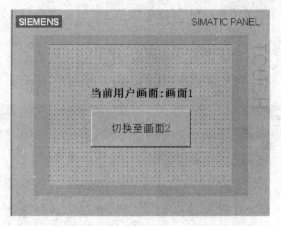

图7—2　给画面切换1添加按钮

4. 给用户画面"画面切换2"添加按钮（见图7—3）。

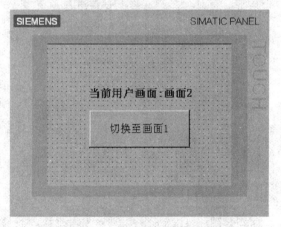

图7—3　给画面切换2添加按钮

5. 进行关联按钮"事件"属性设置。

给"切换至画面2"按钮关联画面切换属性，设置"单击"动作属性，在系统函数中选择"ActivateScreen"函数，参数中"画面名"选择要切换的画面（在本任务内容中，选择"画面切换2"），"对象编号"使用默认值（见图7—4）。

使用同样的方法组态"切换至画面1"按钮（见图7—5）。

6. 组态完成，测试运行（见图7—6）。

单击"切换至画面2"按钮，确定界面是否进行切换。经测试，界面切换成功（见图7—7）。

图7—4　设置按钮2事件属性

图7—5　设置按钮1事件属性

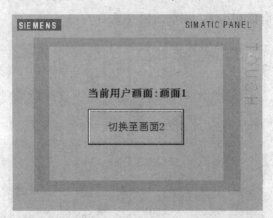

图7—6　按钮2测试画面

图7—7　按钮1测试画面

任务三　用户管理系统

一、任务目的

1. 掌握组态添加用户组。
2. 掌握使用系统函数进行用户管理。

二、任务前准备

1. 教师课前准备

教学用具：授课计划、纸质及电子教案、课件、黑板、粉笔、多媒体设备等。

教学管理资料：实训成绩评价标准、实训室使用记录表、仪器设备维护保养卡等。

2. 学员课前准备

理论知识点准备：组态添加用户组，使用系统函数进行用户管理。

训练用具清单见表7—2。

表7—2　　　　　　　　　　　训练用具清单

序号	类别	名称	规格	数量	备注
1	设备	实训台（含计算机、触摸屏）	TP 177B	1套	
2	工具	一字旋具	3.2 mm×75 mm	1个	
3	材料	以太网线	2 m	1根	

三、任务内容

要求：

1. 组态用户管理。
2. 根据以下要求，在用户画面中添加用户登录界面。

在用户画面中添加用户登录界面，用户名分别为"maintainer"和"operator"。其中，"maintainer"用户具有"设备维护"和"设备操作"权限，"operator"用户只具有"设备操作"权限。

步骤：

1. 组态用户管理

对画面某些对象（如按钮、IO 域输入等）进行操作时，可为这些操作设置用户权限，只有获得权限的用户才允许操作。

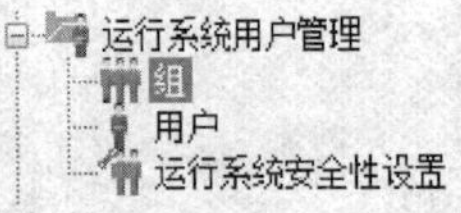

在用户管理中，可进行添加用户组、设置权限、添加用户等操作（见图7—8）。

组：设置某一类的用户组具有特定的权限。注意，在用户管理中，权限是分配给组的，而不是分配给单独的用户。

图7—8　添加用户管理组视图

用户：添加用户、设置密码和为用户分配组。

用户组的组态默认有管理员和用户两个组，不能删除。管理员具有全部权限。

对象属性中的"安全"属性可为该对象的操作设置权限。只有获得该权限的用户登录系统后，才可对该对象进行操作。

用户登录的三种方法：

（1）操作带权限的对象时，会自动弹出登录窗口。

（2）使用用户视图控件。

（3）使用系统函数。

2．根据任务内容的要求，在用户画面中添加用户登录界面

（1）添加用户组

在"项目"菜单中，单击"组"选项，进入到"组"设置画面（见图7—9）。

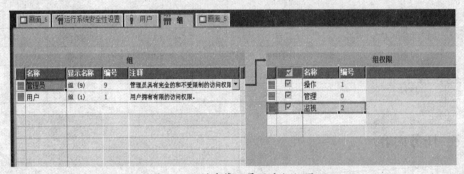

图7—9　创建管理员用户组视图

在画面左侧"组"空白处，双击鼠标左键，添加两个新"组"，分别命名为"维护人员组"和"操作人员组"。

为"维护人员组"设置组权限为"操作""管理""监视"权限（见图7—10）。

为"操作人员组"设置组权限为"操作"和"监视"（见图7—11）。

（2）添加用户

单击"项目"菜单→"用户"选项，进行用户添加（见图7—12）。

系统默认用户为"Admin"，不能进行删除，用户可以根据自己的需求添加新用户。

在"用户"空白处双击鼠标左键，添加新用户，分别命名为"maintainer"和"operator"，并分别为以上两类用户设置登录密码。

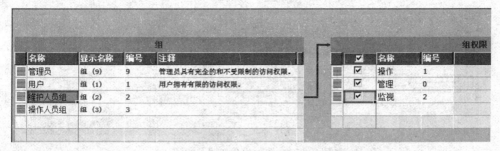

图 7—10　创建维护组并分配权限视图

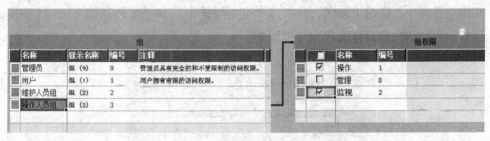

图 7—11　创建操作组并分配权限视图

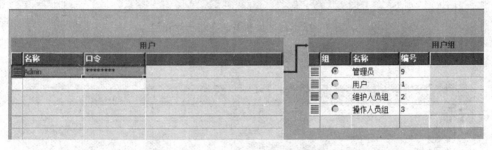

图 7—12　添加用户并关联组视图

将用户"maintainer"归类为"维护人员组"（见图 7—13）。

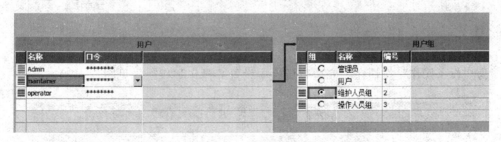

图 7—13　添加维护组用户视图

将用户"operator"归类为"操作人员组"（见图 7—14）。

（3）组态用户管理

1）操作带权限的对象时，会自动弹出登录窗口。

分别为用户"maintainer"和"operator"组态管理权限。

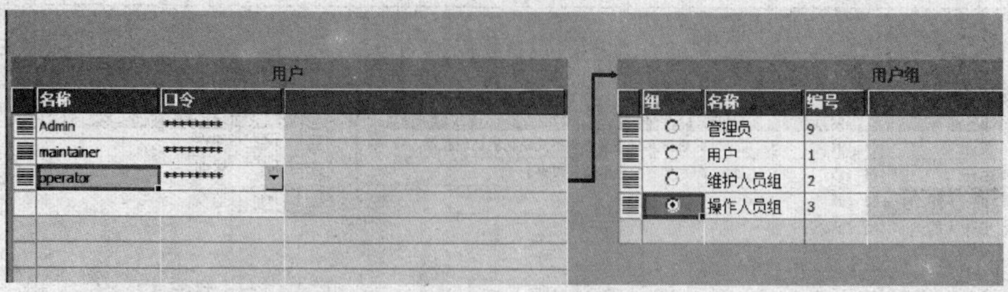

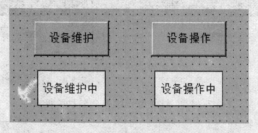

图7—14　添加操作组用户视图

在用户画面中新建两个按钮，分别为"设备维护中"和"设备操作中"，同时组态两个指示灯，以显示当前设备的状态（见图7—15）。

图7—15　创建按钮与状态指示灯视图

为"设备维护"按钮在"安全"属性中设置"管理"权限（见图7—16）。

图7—16　给予管理者设备维护权限视图

为"设备操作"按钮在"安全"属性中设置"操作"权限（见图7—17）。

图7—17　分配操作员设备操作权限视图

2）设置"设备维护"和"设备操作"按钮的"单击"动作属性。

如果不设置动作属性，用户登录界面将不会弹出。设置这两个按钮的动作属性为置位变量中的位（见图7—18和图7—19）。

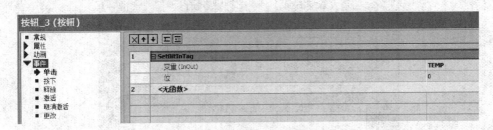

图7—18　"设备维护"动作属性设置

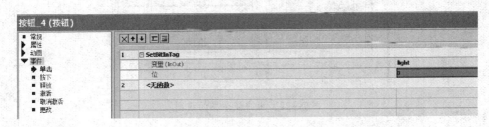

图7—19　"设备操作"动作属性设置

3）设置关联指示灯外观变量，同时指示灯闪烁（见图7—20和图7—21）。

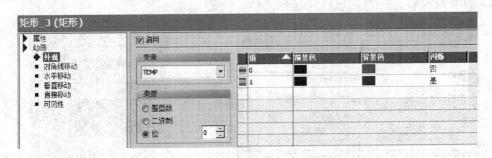

图7—20　关联指示灯外观变量

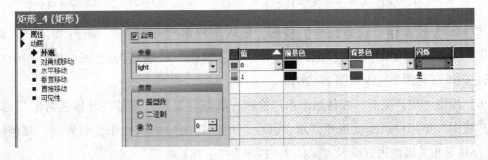

图7—21　关联指示灯外观变量

4）运行测试，单击"设备维护"按钮，出现登录界面（见图7—22）。

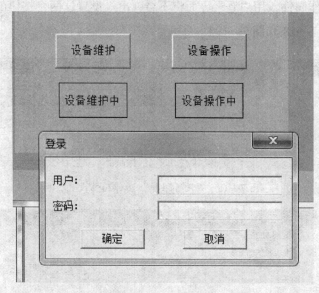

图7—22　用户登录界面视图

5）输入用户名和密码，分别为"maintainer"和"123"，单击"确定"按钮，获得操作按钮权限后，单击"设备维护"按钮，"设备维护中"指示灯变为红色闪烁（见图7—23和图7—24）。

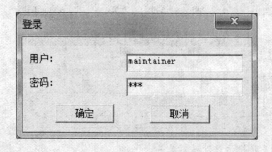 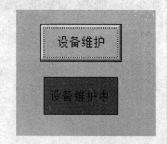

图7—23　登录管理员账号　　　　　　　　图7—24　登录成功状态指示

以同样方式操作"设备操作"按钮，输入用户名"operator"，密码"456"。单击"确定"按钮，获得操作按钮权限后，单击"设备操作"按钮，"设备操作中"指示灯变为绿色闪烁（见图7—25和图7—26）。

6）使用"用户视图"控件组态用户管理。单击"工具"菜单→"增强对象"，拖曳"用户视图"至用户画面。按照需求，可在"用户视图"的属性中，对外观、颜色、大小、字体等相关属性进行设置（见图7—27和图7—28）。

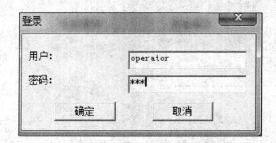

图7—25 登录操作员账号

图7—26 登录成功状态指示

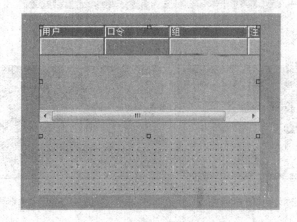

图7—27 组态用户视图外观

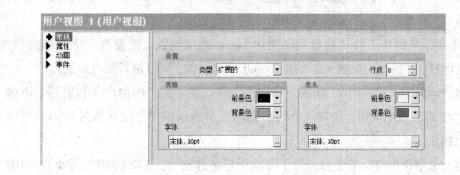

图7—28 用户视图常规设置

运行系统，在"用户视图"的范围内单击任意一处，出现用户登录界面（见图7—29）。

输入登录用户名和密码，进行用户登录，登录后用户界面如图7—30和图7—31所示。

注：如果以管理员身份登录，可看到所有用户，并可设置各个用户的属性。

图 7—29 运行登录界面

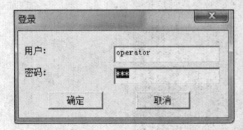

图 7—30 登录操作员账号

图 7—31 登录账号视图

如果在"运行系统安全性设置"选项中，激活"组号码层级"，且有某组编号大于管理员组编号，即使以管理员身份登录也看不到该组的用户。

7）使用系统函数进行用户管理。使用 Logon 系统函数，需要两个字符串类型变量，一个存放用户名，一个存放密码。使用 Logoff 系统函数，可以进行用户注销。

在用户画面中，建立两个 IO 域，分别用于输入登录用户的用户名和密码；添加"登录"和"注销"两个按钮，添加一个用户视图，来确认使用系统函数进行用户登录是否成功（见图 7—32）。

新建两个字符串类型的变量，用于存放用户名和密码："USERID"用于存放用户名，"USERCODE"用于存放密码（见图 7—33）。

将变量关联到 IO 域中（见图 7—34 和图 7—35）。

对"登录"按钮进行单击事件设置，在"口令"中关联存放密码变量，在"用户名"中关联存放用户名的变量（见图 7—36）。

对"注销"按钮进行单击事件设置（见图 7—37）。

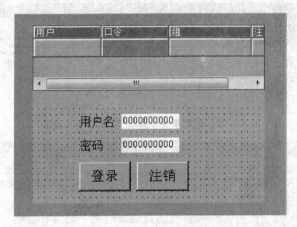

图7—32 运用函数设置登录账户视图

| | USERID | <内部变量> | String | <没有地址> | 1 | 1s |
| | USERCODE | <内部变量> ▼ | String ▼ | <没有地址> | 1 | 1s |

图7—33 创建账号和密码变量

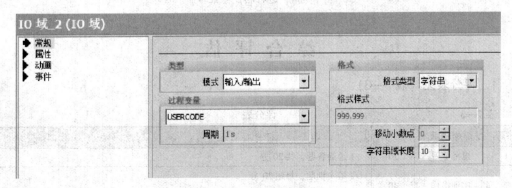

图7—34 为账号ID关联IO域

图7—35 为密码关联IO域

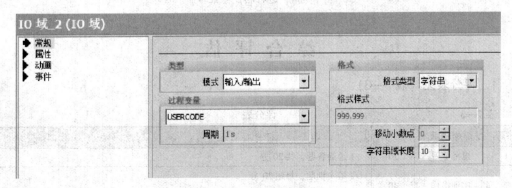

图 7—36   登录事件——"单击"属性设置

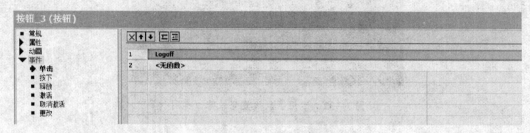

图 7—37   退出账号事件——属性设置

运行系统进行测试，输入用户名"operator"和密码"456"（见图 7—38），进行用户登录，出现用户视图即可以确认用户登录成功。

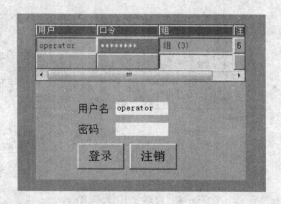

图 7—38   运行测试登录界面

综 合 评 估

1. 评分表见（表 7—3）

表 7—3   评分表

序号	评分项目	配分	评分标准	扣分	得分
1	思考练习	20	1 道简答题，共 20 分		
2	实训操作	40	2 道实训题，每题 20 分 根据操作步骤是否符合要求酌情给分		

续表

序号	评分项目	配分	评分标准	扣分	得分
3	安全操作	20	违反操作规定扣 5 分 操作完毕不进行现场整理扣 5 分 造成设备损坏和人身安全事故不得分		
4	纪律遵守	20	迟到、早退每次扣 0.5 分 旷课每次扣 2 分 上课喧哗、聊天每次扣 2 分 扣完为止		
	总分	100			

2. 自主分析

学员自主分析：

【分析参考】

1) 界面切换认知。

2) 实现界面切换。

3) 用户管理应用。

项目八

运行函数和脚本

任务一　函数和脚本认知

一、任务目的

1. 掌握脚本的基本概念。
2. 掌握函数的运用。

二、任务前准备

教学用具：授课计划、纸质及电子教案、课件、黑板、粉笔、多媒体设备等。

教学管理资料：实训成绩评价标准、实训室使用记录表、仪器设备维护保养卡等。

三、任务内容

1. 基本术语的识别

（1）脚本

脚本是指用户自定义函数中所有活动的通用术语。

（2）系统函数

系统函数是指所有随 WinCC 一同提供的函数。系统函数可应用在函数列表或用户自定义函数中。

（3）用户自定义函数

用户自定义函数是指在"脚本"编辑器中编写的函数。为了更准确地加以说明，本任务中使用术语"用户自定义 VB 函数"。

如果 HMI 设备支持自定义函数，可以将系统函数与自定义函数代码中的指令和条件结合使用。这样，便可以根据特定的系统状态来执行自定义函数。除了系统预置的系统函数外，可以通过 VBScript（Visual Basic Script，VB 脚本语言）编写程序解决更复杂的问题，实现自定义功能。

编程任务决策流程图如图 8—1 所示。

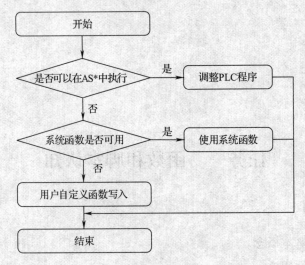

图 8—1　编程任务决策流程图

（4）函数列表

在运行系统中函数列表按从上至下的顺序执行。如果函数列表中包括运行时间较长的系统函数，则它们将以异步方式执行。

2．脚本的使用

（1）脚本的使用方法

1）与使用系统函数类似，使用事件触发。

2）可以在脚本中调用其他脚本。

（2）注意事项

1）并非所有型号面板都支持脚本。

2）基于面板的脚本与基于 PC 的脚本可能不同。

3）在脚本中可以使用 VB 的全部语法，不包括用户交互作用的函数和方法。

＊　AS——Automation System，自动化系统。

四、思考练习

阐述脚本的使用方法。

任务二　函　数　列　表

一、任务目的

1. 了解函数列表的作用。
2. 掌握函数列表的应用。

二、任务前准备

1. 教师课前准备

教学用具：授课计划、纸质及电子教案、课件、黑板、粉笔、多媒体设备等。

教学管理资料：实训成绩评价标准、实训室使用记录表、仪器设备维护保养卡等。

2. 学员课前准备

理论知识点准备：函数列表的作用和应用。

训练用具清单见表8—1。

表8—1　　　　　　　　　　　训练用具清单

序号	类别	名称	规格	数量	备注
1	设备	实训台（含计算机、触摸屏）	TP 177B	1套	
2	工具	一字旋具	3.2 mm×75 mm	1个	
3	材料	以太网线	2 m	1根	

三、任务内容

要求：

根据以下要求，完成组态画面功能。

按下"打开"按钮，圆形指示灯亮；按下"关闭"按钮，圆形指示灯灭。

步骤：

函数列表的作用是在发生所组态的事件时执行一个或多个系统函数和用户自定义

函数。

针对对象（如画面对象或任务等）的事件来组态函数列表。可以将函数列表精确地组态到每个事件上，可用事件取决于所选择的对象和 HMI 设备，通过从下拉列表中选择系统函数和自定义函数来组态函数列表，系统函数根据类别排列在选择列表中。

组态函数列表的步骤如下。

1）选中要组态函数列表的对象。

2）在属性窗口中单击"事件"，选择要对其组态函数列表的事件。

3）在函数列表的下拉菜单中选择各类型函数，可以选择系统自带的系统函数，也可以选择用户使用脚本编辑的自定义函数（见图 8—2）。

如果该系统函数或自定义函数具有参数，则为参数选择合适的值。

根据以上组态函数列表的步骤，完成图 8—3 和图 8—4 所示组态画面功能。

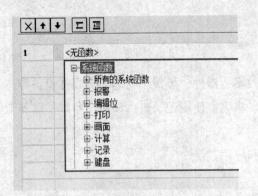
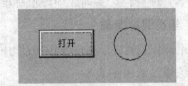

图 8—2　系统函数列表视图　　　　　图 8—3　"打开"按钮设置

1. 在用户画面中，添加一个按钮控件和一个圆形指示灯控件（见图 8—5）。

图 8—4　"关闭"按钮设置　　　　　图 8—5　添加"打开"按钮

2. 新建变量"light"，数据类型为整型（见图 8—6）。

图 8—6　新建"Light"变量

3. 对"按钮"关联变量并设置系统函数。

使用单一按钮控制指示灯的开闭，可在"单击"事件下选择"InvertBitInTag"（取反）系统函数（见图8—7）。

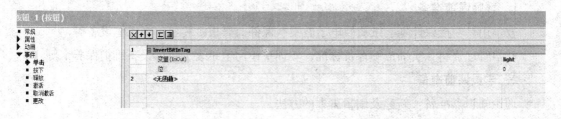

图8—7　关联按钮事件——"单击"变量

4. 启用指示灯外观显示属性（见图8—8）。

图8—8　设置指示灯外观显示属性

5. 运行系统，进行测试。

单击"打开"按钮，圆形指示灯亮（见图8—9）。

图8—9　测试运行按钮视图

任务三　脚本元素和基本设置

一、任务目的

1. 了解新建脚本的方法。

141

2．掌握编辑脚本的方法。

二、任务前准备

1．教师课前准备

教学用具：授课计划、纸质及电子教案、课件、黑板、粉笔、多媒体设备等。

教学管理资料：实训成绩评价标准、实训室使用记录表、仪器设备维护保养卡等。

2．学员课前准备

理论知识点准备：新建及编辑脚本的方法。

训练用具清单见表8—2。

表8—2   训练用具清单

序号	类别	名称	规格	数量	备注
1	设备	实训台（含计算机、触摸屏）	TP 177B	1 套	
2	工具	一字旋具	3.2 mm×75 mm	1 个	
3	材料	以太网线	2 m	1 根	

三、任务内容

要求：

1．新建脚本的方法。

2．编辑脚本的内容。

3．根据以下要求，新建脚本，脚本名为"Script1"。

将 N1、N2、N3 三个数中的最小值挑选出来，并分别使用"函数"和"Sub"两种脚本类型进行编写。

步骤：

1．新建脚本的方法

单击"工具"→"脚本"→双击"添加脚本"，打开脚本编辑窗口（见图8—10）。

脚本重要属性如下。

（1）"类型"属性

"函数"：该类型脚本有一个返回值。

"Sub"：该类型脚本没有返回值。

（2）"参数"属性

脚本的形式参数在"参数"项中添加，即脚本的输入参数。

图8—10 脚本编辑视图

函数类型的脚本返回值，即是脚本的输出参数，在程序中以函数名本身表示。

2. 编辑脚本的内容

（1）在脚本中访问项目变量

如果项目中的变量名符合VBS（Visual Basic Script，VB脚本语言）命名规定，则变量可以直接在脚本中使用，否则，变量必须通过"SmartTags"来引用（见图8—11）。

```
 8 SmartTags ("a1")=10
 9 SmartTags ("v1")=20
10 tt = 30
11 SetValue v2, 40
```

名称	显示	连接	数据类型	地址
v2		<内部变量>	Int	<没有地址>
v1		<内部变量>	Int	<没有地址>
tt		<内部变量>	Int	<没有地址>
a2		连接_1	Int	MW 2
a1		连接_1	Int	MW 0

图8—11 编辑脚本内容

（2）在脚本中访问画面对象

在脚本中访问画面对象（见图8—12）可以使用以下两种方法：

1）同步脚本：同一时间只执行一个脚本。必须在上一个脚本完成后，下一个脚本才能执行。对于同步脚本，面板运行时一次只能执行一个脚本（单线程）。如果有多个脚本需要执行，则需要排队。队列最大容量取决于面板型号。

2）异步脚本：异步脚本开始执行后，无须等待完成，就可以执行下一个脚本。如存储、写入文件等操作是异步执行的。

```
14  HmiRuntime.Screens("start").ScreenItems("c1").BackColor = RGB(0,0,255)
15
16  Dim obj_r1
17  Set obj_r1 = HmiRuntime.Screens("start").ScreenItems("r1")
18  obj_r1.Height = tt + 200
19  obj_r1.BackColor = vbRed
```

图 8—12　编辑访问画面脚本视图

第一种方法语句简单，比较容易理解，可以很方便地修改画面对象中的单一属性。第二种方法虽然编写的语句比较多，但是当需要修改画面对象中的多个属性时，第二种方法比第一种方法更加简便。

3．新建脚本，脚本名为"Script1"

（1）使用"函数"类型

1）新建脚本

单击画面左侧"项目"→"脚本"→双击"添加脚本"，新建脚本名为"Script1"的脚本（见图 8—13）。

在脚本属性中，设置脚本类型为"函数"并新建 3 个名为"N1""N2""N3"的形式参数（见图 8—14）。

图 8—13　新建脚本

图 8—14　设置脚本类型

2）编写脚本程序（见图 8—15）。

根据变量的新建方法新建 4 个变量（见图 8—16）。

变量"No. 1""No. 2""No. 3"分别为 3 个数值对应的实际参数。

变量"an"为脚本函数"Script1"返回值的实际参数。

设置每个变量"事件"中的"更改数值"属性，关联脚本和实际参数（见图 8—17）。

```
 8
 9 Script1=N1
10 If Script1>N2 Then
11     Script1=N2
12 End If
13 If Script1>N3 Then
14     Script1=N3
15 End If
```

图 8—15 编写脚本程序

名称	连接	数据类型	地址	数组计数	采集周期
an	<内部变量>	Int	<没有地址>	1	1s
No.1	<内部变量>	Int	<没有地址>	1	1s
Nn.2	<内部变量>	Int	<没有地址>	1	1s
No.3	<内部变量>	Int	<没有地址>	1	1s

图 8—16 新建变量

■ 常规	1	☐ Script1	
▶ 属性		输出值	an
▶ 事件		N1	No.1
◆ 更改数值		N2	No.2
■ 上限		N3	No.3
■ 下限			

图 8—17 关联变量事件属性

3）运行程序，完成脚本测试，验证脚本运行正确（见图 8—18）。

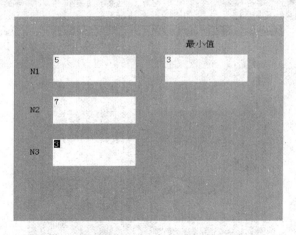

图 8—18 运行脚本程序画面

（2）使用"Sub"类型

1）新建脚本。在脚本属性中，设置脚本类型为"Sub"并新建 3 个名为"N1""N2"
"N3"的参数（见图 8—19）。

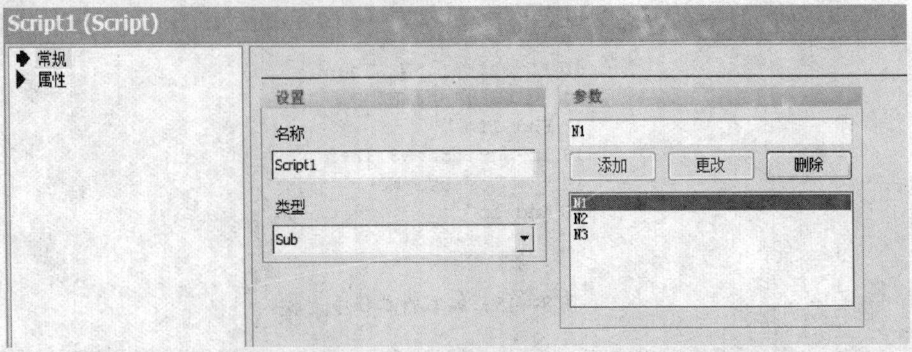

图 8—19 设置脚本类型

2）编写脚本程序（见图 8—20）。

由于"Sub"类型的脚本没有返回值，所以在脚本程序中，定义
一个脚本变量"AB"作为程序的返回值，并将该值在程序执行完成
后赋值给实际参数"an"。

按照脚本类型为"函数"时关联脚本变量的方法，将脚本变量
值关联到实际参数中（见图 8—21）。

3）运行程序，完成脚本测试（见图 8—22），验证脚本运行
正确。

```
11 Dim AB
12 AB=N1
13 If AB>N2 Then
14     AB=N2
15 End If
16 If AB>N3 Then
17     AB=N3
18 End If
19 an=AB
```

图 8—20 编写脚本程序

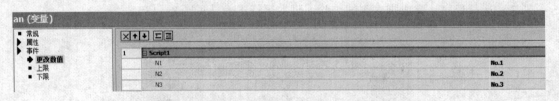

图 8—21 关联函数数值属性

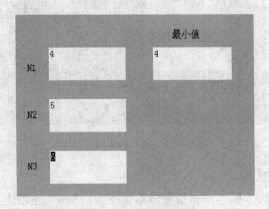

图 8—22 测试脚本程序

综 合 评 估

1. 评分表（见表8—3）

表8—3   评分表

序号	评分项目	配分	评分标准	扣分	得分
1	思考练习	20	1道简答题，共20分		
2	实训操作	40	2道实训题，每题20分 根据操作步骤是否符合要求酌情给分		
3	安全操作	20	违反操作规定扣5分 操作完毕不进行现场整理扣5分 造成设备损坏和人身安全事故不得分		
4	纪律遵守	20	迟到、早退每次扣0.5分 旷课每次扣2分 上课喧哗、聊天每次扣2分 扣完为止		
	总分	100			

2. 自主分析

学员自主分析：

【分析参考】

1）基本信息认知。

2）应用函数列表。

3）元素和基本设置。

4）创建脚本。

项目九

调试项目

任务一　建立与控制器的连接

一、任务目的

掌握建立与控制器连接的方法。

二、任务前准备

1．教师课前准备

教学用具：授课计划、纸质及电子教案、课件、黑板、粉笔、多媒体设备等。

教学管理资料：实训成绩评价标准、实训室使用记录表、仪器设备维护保养卡等。

2．学员课前准备

理论知识点准备：建立与控制器连接的方法。

训练用具清单见表9—1。

表9—1　　　　　　　　　　　　　训练用具清单

序号	类别	名称	规格	数量	备注
1	设备	实训台（含计算机、触摸屏）	TP 177B	1套	
2	工具	一字旋具	3.2 mm×75 mm	1个	
3	材料	以太网线	2 m	1根	

三、任务内容

要求：

1. 面板与 PLC 的通信连接。

2. 参数设置。

3. 根据以下要求，建立与控制器的连接。

新建一个与西门子 S7－300 系列 PLC 的以太网连接的触摸屏。

步骤：

1. 面板与 PLC 的通信连接

通信是在软件中的"连接"项中进行管理。"连接"表示的是面板与 PLC 间的通信连接，设置通信相关的参数。一个面板可以与多个 PLC 进行通信，此时面板与每一个 PLC 的通信，都要建立一个对应的连接。一个面板能建立多少个连接，取决于面板的型号（见图 9—1）。

图 9—1　通信连接列表

2. 参数设置（见图 9—2）

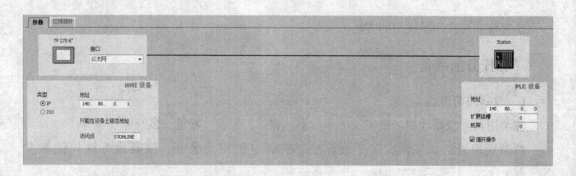

图 9—2　设置连接接口地址

（1）面板侧

1）接口：以太网。

2）类型：IP（Internet Protocol，互联网协议。默认）。

3）地址：面板的 IP 地址。

4）访问点：用于识别通信服务。

（2）PLC 侧

1）地址：PLC 的 IP 地址。

2）扩展插槽：CPU（Central Processing Unit，中央处理器）所在的插槽号。

3）机架：CPU所在的机架号。

3. 建立与控制器的连接

单击"项目"菜单→"通讯"→"连接"，打开连接画面（见图9—3）。

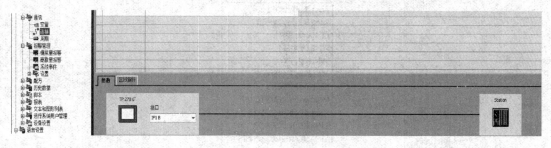

图9—3　打开连接画面

双击画面空白处，建立连接（见图9—4）。

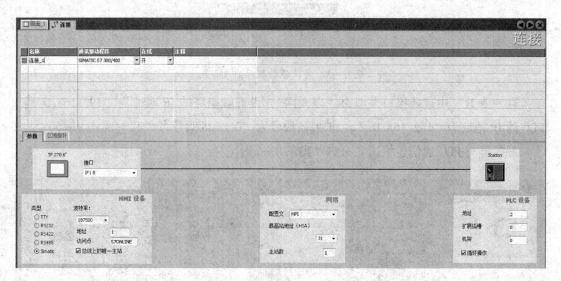

图9—4　建立连接视图

在"通讯驱动程序"中选择要连接的PLC品牌类型（SIMATIC S7 300/400）（见图9—5）。

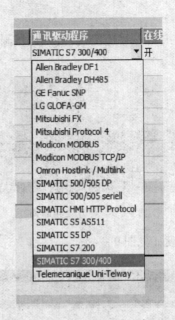

图9—5 通讯驱动程序列表视图

在"参数"中选择接口类型为"以太网",设置触摸屏的IP地址为"192.168.0.1",PLC的IP地址为"192.168.0.2",扩展插槽号为"0",机架号为"0"(见图9—6)。

触摸屏与PLC通信连接建立完成(见图9—7)。

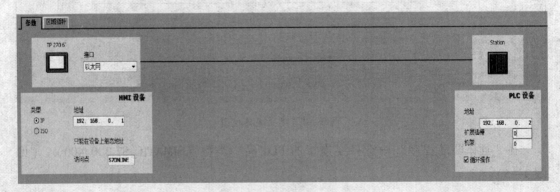

图9—6 设置端口地址

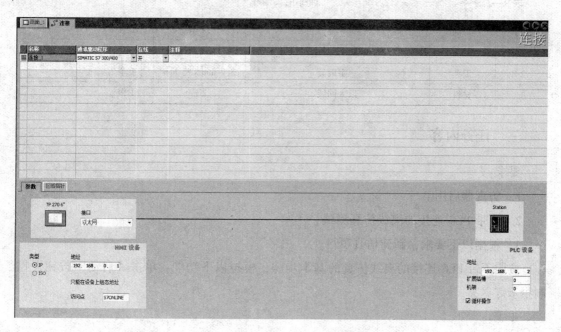

图 9—7 触摸屏与 PLC 通信连接建立完成

任务二 仿 真 项 目

一、任务目的

掌握创建并仿真项目的方法。

二、任务前准备

1. 教师课前准备

教学用具：授课计划、纸质及电子教案、课件、黑板、粉笔、多媒体设备等。

教学管理资料：实训成绩评价标准、实训室使用记录表、仪器设备维护保养卡等。

2. 学员课前准备

理论知识点准备：创建并仿真项目的方法。

训练用具清单见表 9—2。

表 9—2　　　　　　　　　　　　训练用具清单

序号	类别	名称	规格	数量	备注
1	设备	实训台（含计算机、触摸屏）	TP 177B	1 套	
2	工具	一字旋具	3.2 mm×75 mm	1 个	
3	材料	以太网线	2 m	1 根	

三、任务内容

要求：

1. 仿真器启用。

2. 不带 PLC 连接的离线仿真测试。

3. 根据以下要求，新建仿真项目。

按照不带 PLC 连接的离线仿真的基本步骤，模拟以下功能：单击"启动"按钮，控制指示灯亮灭。

步骤：

1. 仿真器启用

WinCC flexible 提供了一个仿真器，可以用其离线测试项目。仿真器是一个独立的应用程序，允许用户调试已组态的图形、图形对象、报警等功能。

（1）仿真控件

1）定义已组态变量值的变化类型，如增量、减量、正弦波、随机或按位移动。

2）要进行仿真，必须在编程设备上安装"仿真/运行"组件。

（2）仿真项目种类

1）带 PLC 连接的仿真。可以直接在运行系统中仿真项目。在这种情况下，只有在编程设备连接到相应的 PLC 上时，项目才可以进行仿真。

将计算机连接到 PLC，可以在运行系统中实现已组态 HMI 设备的可靠性仿真。要使用 WinCC flexible 进行仿真，从"项目"菜单中选择"编译器"→"启动运行系统"，也可单击"编译器"工具栏上的"启动运行系统"按钮。

2）不带 PLC 连接的仿真。随同 WinCC flexible 运行系统安装的仿真程序可以实现离线仿真项目，包括其变量和标记。在仿真表中指定变量和标记量的参数，它们将由 WinCC flexible 运行系统的仿真程序读取。

要使用仿真器进行仿真，从"项目"菜单中选择"编译器"→"使用仿真器启动运行系统"，也可单击"编译器"工具栏上的"使用仿真器启动运行系统"按钮。

3）在集成模式下的仿真。STEP7 中的集成组态能够仿真，连接 PLC 仿真软件 S7 -
PLCSIM 得以实现。

2. 不带 PLC 连接的离线仿真测试

（1）创建项目。

（2）保存并编译项目。

（3）仿真器测试。

（4）操作项目变量。

3. 新建仿真项目

（1）创建项目

按照前面任务介绍的组态方法，组态按钮和指示灯并建立连接（见图9—8）。

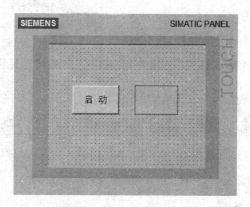

图9—8 添加按钮和指示灯

（2）保存并编译项目

单击"保存"按钮 ▓，对项目进行保存。单击"生成"按钮 ✔，自动编译程
序，并在"输出"栏中显示当前项目的状态，正常情况下，系统可以进行仿真（见
图9—9）。

时间	分类	描述
14:22:...	编译器	编译开始 …
14:22:...	编译器	连接目标'设备_1'…
14:22:...	编译器	已生成变量的编号：1。
14:22:...	编译器	成功，有 0 个错误，0 个警告。
14:22:...	编译器	时间标志：2016/8/1 14:22 - 使用 181440 个字节，最多 2097152 个字节
14:22:...	编译器	编译完成！

图9—9 编译过程

（3）仿真器测试

单击"使用仿真器启动运行系统"按钮 ，系统进行仿真运行，单击"启动"按钮，可以通过仿真器测试指示灯是否点亮（见图9—10）。

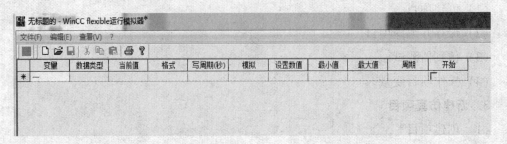

图9—10　WinCC flexible 仿真器

（4）操作项目变量

在仿真表中操作项目的变量和标记。

在"变量"栏中选择指示灯关联的变量，进行仿真测试（见图9—11）。

图9—11　在仿真器中关联指示灯变量

运行效果如图9—12所示。

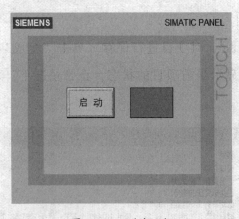

图9—12　测试运行

---

* 截图（图9—10）中的"模拟器"即"仿真器"；"模拟"即"仿真"。

综 合 评 估

1. 评分表（见表9—3）

表9—3   评分表

序号	评分项目	配分	评分标准	扣分	得分
1	实训操作	50	2道实训题，每题25分 根据操作步骤是否符合要求酌情给分		
2	安全操作	25	违反操作规定扣5分 操作完毕不进行现场整理扣5分 造成设备损坏和人身安全事故不得分		
3	纪律遵守	25	迟到、早退每次扣0.5分 旷课每次扣2分 上课喧哗、聊天每次扣2分 扣完为止		
	总分	100			

2. 自主分析

学员自主分析：

【分析参考】

1）建立与控制器的连接。

2）仿真项目。

项目十

工程综合应用案例设计

任务一　基于触摸屏的工厂设备联动控制

一、任务目的

掌握人机界面的典型应用。

二、任务前准备

1．教师课前准备

教学用具：授课计划、纸质及电子教案、课件、黑板、粉笔、多媒体设备等。

教学管理资料：实训成绩评价标准、实训室使用记录表、仪器设备维护保养卡等。

2．学员课前准备

理论知识点准备：人机界面的典型应用。

训练用具清单见表10—1。

表10—1　　　　　　　　　　　训练用具清单

序号	类别	名称	规格	数量	备注
1	设备	实训台（含计算机、触摸屏）	TP 177B	1套	
2	工具	一字旋具	3.2 mm×75 mm	1个	
3	材料	以太网线	2 m	1根	

三、任务内容

要求：

根据以下要求组态画面，完成设备的联动控制。

进入系统前，需要输入用户名和密码，以保证系统安全。系统可以进行手动/自动模式选择，当选择"自动"模式时，系统自动按照果汁和水的配比要求，打开控制阀，进行混合搅拌。当选择"手动"模式时，手动控制各个阀开启/关闭和混合搅拌电动机的开启。

组态画面，完成设备的联动控制（见图10—1和图10—2）。

图10—1　用户登录界面

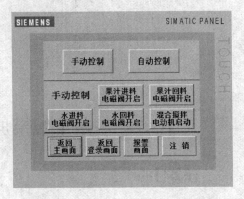

图10—2　操作界面

步骤：

1．组态用户登录界面

（1）组态文本域（见图10—3）。

（2）组态IO域（见图10—4）。

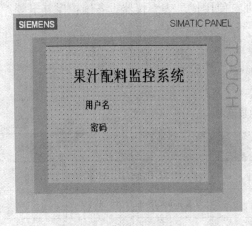

图10—3　用户登录界面

图10—4　组态IO域

（3）组态按钮（见图 10—5）。

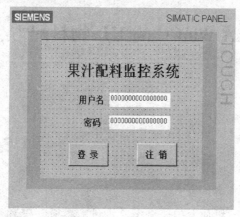

图 10—5　添加按钮

2. 建立用户组和新建用户（见图 10—6）

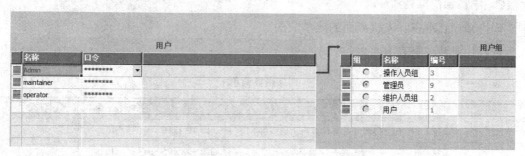

图 10—6　添加用户并分配管理组

3. 组态控制界面

（1）组态文本域（见图 10—7）。

（2）组态按钮并关联各按钮变量（见图 10—8）。

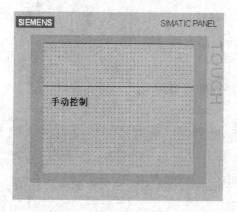

图 10—7　组态文本域

图 10—8　操作界面

任务二　基于 TIA WinCC 的工厂物料配方、报警组态控制

一、任务目的

掌握人机界面的典型应用。

二、任务前准备

1．教师课前准备

教学用具：授课计划、纸质及电子教案、课件、黑板、粉笔、多媒体设备等。

教学管理资料：实训成绩评价标准、实训室使用记录表、仪器设备维护保养卡等。

2．学员课前准备

理论知识点准备：人机界面的典型应用。

训练用具清单见表10—2。

表10—2　　　　　　　　　　　　训练用具清单

序号	类别	名称	规格	数量	备注
1	设备	实训台（含计算机、触摸屏）	TP 177B	1套	
2	工具	一字旋具	3.2 mm×75 mm	1个	
3	材料	以太网线	2 m	1根	

三、任务内容

要求：

1．根据以下要求，完成 WinCC Flexible 项目移植。

将使用 WinCC Flexible 2008 软件编辑的上位机画面移植到 TIA WinCC 中。

2．根据以下要求，新建博途项目。

在 TIA WinCC 中组态果汁混合配比的配方画面和报警画面。

步骤：

1．WinCC Flexible 项目移植

（1）安装要求

博途软件安装过程中，必须选中"WinCC Flexible 2008 SP2/SP3 中的项目移植、SQL installation"选项（见图10—9）。

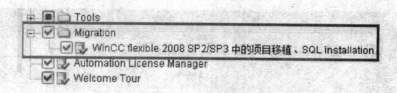

图 10—9　安装博途软件

（2）更改 WinCC Flexible 2008 项目版本号

单击"项目"菜单→"另存为版本"，弹出对话框，可以设置文件名、文件存放的位置和文件类型，可选的文件类型为 SP1、SP2、SP3 版本，通常情况下，将文件保存为 SP2 或 SP3 类型的，可以移植到 TIA WinCC 中。

单击"保存"按钮文件保存为设置的版本类型的文件（见图 10—10）。

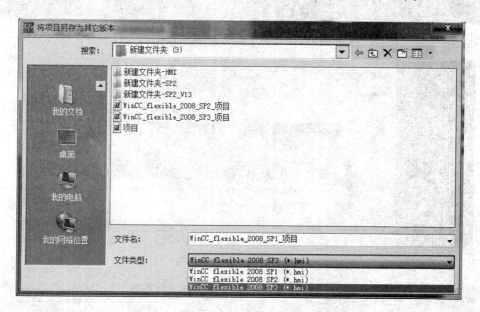

图 10—10　另存为"报警和配方报表"图

至此，文件类型更改完成，可以移植到 TIA WinCC 中。

（3）项目移植至 TIA WinCC 中

打开 TIA PORTAL，启动 PORTAL 视图界面，单击"移植项目"（见图 10—11 和图 10—12）。

在"源路径"选择要移植的项目，选择完成后，单击"移植"按钮，项目被移植到 TIA PORTAL 中（见图 10—13 和图 10—14）。

移植完成后，若系统没有报警，表示项目被完全移植到 TIA WinCC 中，可以在 TIA PORTAL 中对项目进行编辑（见图 10—15）。

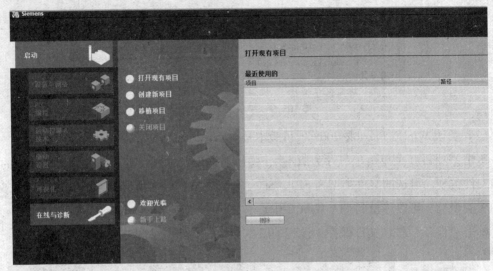

图 10—11　TIA PORTAL 启动界面

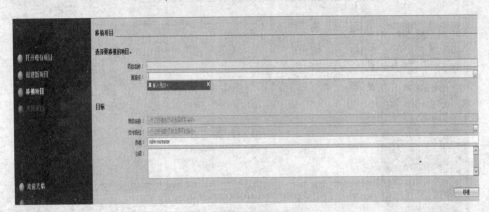

图 10—12　移植项目界面

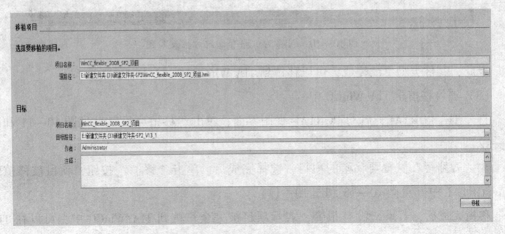

图 10—13　选择路径

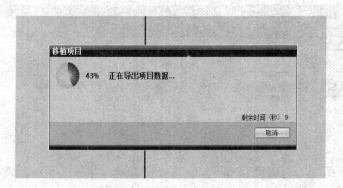

图 10—14　移植处理中

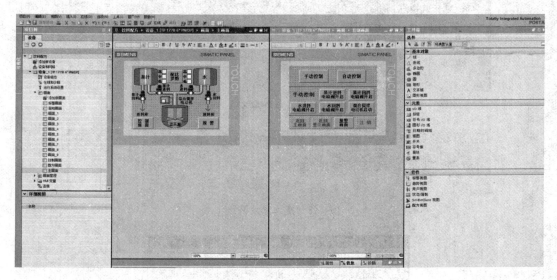

图 10—15　项目编辑界面

2. 新建博途项目

（1）组态配方画面

1）添加配方（见图 10—16）。

2）添加配方元素（见图 10—17）。

3）新建配方数据记录（见图 10—18）。

4）在用户画面上组态配方视图（见图 10—19）。

图 10—16　添加配方视图

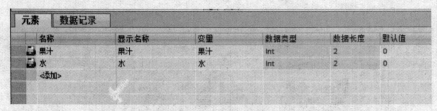

图 10—17　添加配方元素

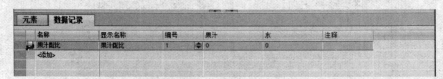

图 10—18　建立配方数据记录

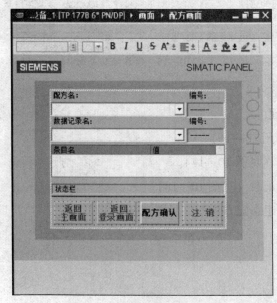

图 10—19　组态配方画面视图

（2）组态报警画面

1）新建报警组（见图10—20）。

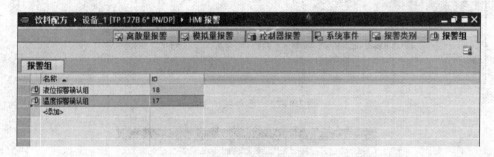

图10—20　建立报警组

2）新建报警类别（见图10—21）。

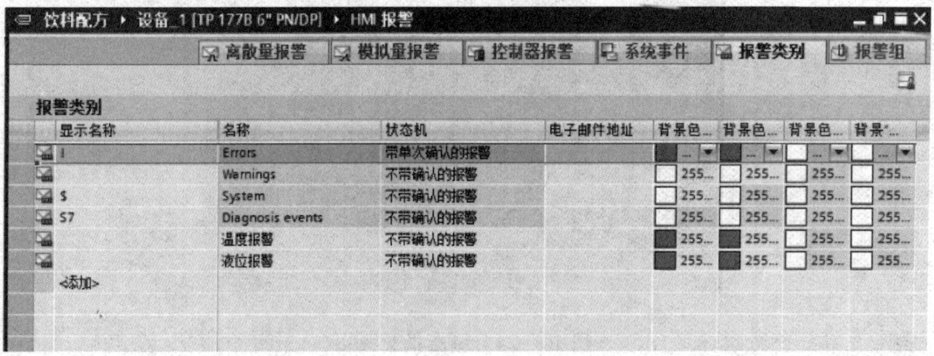

图10—21　新建报警类别

3）添加离散量报警（见图10—22）。

图10—22　添加离散量报警

4）添加模拟量报警（见图10—23）。

5）组态报警视图（见图10—24）。

图 10—23　添加模拟量报警

图 10—24　组态报警视图

综 合 评 估

1. 评分表（见表 10—3）

表 10—3　　　　　　　　　　　　　　评分表

序号	评分项目	配分	评分标准	扣分	得分
1	实训操作	60	2 道实训题，每题 30 分 根据操作步骤是否符合要求酌情给分		
2	安全操作	20	违反操作规定扣 5 分 操作完毕不进行现场整理扣 5 分 造成设备损坏和人身安全事故不得分		

续表

序号	评分项目	配分	评分标准	扣分	得分
3	纪律遵守	20	迟到、早退每次扣0.5分 旷课每次扣2分 上课喧哗、聊天每次扣2分 扣完为止		
	总分	100			

2. 自主分析

学员自主分析：

【分析参考】

1）基于触摸屏的工厂设备联动控制。

2）基于 TIA WinCC 的工厂物料配方、报警组态控制。

参考答案

项目一　人机界面应用技术认知

任务一:

1. 阐述人机界面技术人员需要具备哪些基本专业知识。

【参考答案】

1) 数学知识。

2) 专业外语知识。

3) 电工、模拟电子电路、数字电路相关基础知识。

4) 可编程逻辑控制器知识。

5) 传感器与测量技术的知识。

6) 电机控制技术的知识。

7) 单片机、电子产品制作相关知识。

2. 阐述人机界面技术人员需要具备哪些基本专业能力。

【参考答案】

1) 电气识图、制图能力。

2) 常用电工仪器仪表与电工工具的使用能力。

3) 常用电压电器的识别、选择、使用、调整,电工作业安全、PLC 逻辑控制技术、变频技术、电力电子技术,电气安装与调试能力。

4) 自动化生产线的故障诊断及排除能力,工业组网应用能力。

5) 工控软件组态能力、集散控制与现场总线应用能力。

任务二:

阐述人机界面技术的定义。

【参考答案】

人机界面是系统和用户之间进行交互和信息交换的媒介。通过连接可编程逻辑控制器（PLC）、变频器、直流调速器、仪表等工业控制设备，利用显示屏显示，由输入单元（如触摸屏、键盘、鼠标等）写入工作参数或输入操作命令，实现人与机器信息交互的数字设备。

项目二　人机界面产品分析

任务一：

阐述人机界面产品的主要功能。

【参考答案】

1）过程可视化。

2）操作员对过程的控制。

3）显示报警。

4）记录功能。

5）输出过程值和报警记录。

6）过程和设备的参数管理。

任务二：

阐述西门子人机界面面板的类型。

【参考答案】

1）精彩面板。

2）按键面板。

3）微型面板。

4）移动面板。

5）精简面板。

6）精智面板。

7）通用面板。

8）多功能面板。

项目三 创 建 项 目

任务一：

1. 阐述项目的定义。

【参考答案】

项目是用于组态用户界面的基础。

2. 阐述项目的主要类型。

【参考答案】

1）单用户项目。

2）多用户项目。

3）在不同 HMI 设备上使用的项目。

项目四 创 建 画 面

任务一：

阐述画面所包含的两个元素特性。

【参考答案】

（1）静态元素：在运行时不改变它们的状态（如文本或图形对象）。

（2）动态元素：根据过程改变它们的状态，通过下列方式显示当前过程值。

1）显示从 PLC 的存储器中输出。

2）以字母数字、趋势视图和棒图的形式显示 HMI 设备存储器中输出的过程值。

3）HMI 设备上的输入域也作为动态元素。

项目五 组态报警、创建历史数据、生成报表

任务一：

1. 解释以下报警类别的基本概念。

HMI 报警：

S7 报警：

模拟量报警：

离散量报警：

【参考答案】

HMI 系统报警：人机界面能检测到的报警。

S7 报警：需要在 S7 系统里进行组态的报警，如 PLC 控制器、运动控制器等的 S7 控制器系统。这些报警不在 WinCC flexible 中进行组态，而在 PLC 等控制器中进行组态。

模拟量报警：用于监视是否超出限制值，以数的形式体现出来。

离散量报警：用于监视是否在正常状态，以位的形式体现出来。

2．储存浓缩果汁的储物罐检测的报警属哪种报警类型？

【参考答案】

报警为操作员提供关于操作状态和过程故障状态等的信息。

报警的两个基本类型分别为系统报警和用户报警。

系统报警：由系统发出的报警，用户是不能操作的，可能包括面板自身能检测到的状态的系统消息，以及面板和 PLC 之间的通信故障等。HMI 报警和 S7 报警属于系统报警类别。

用户报警：需要进行组态，与过程、项目和设备等密切相关的报警。模拟量报警和离散量报警属于用户报警类别。

3．根据以下描述，列出报警信息的三种状态。

储物罐中浓缩果汁的温度超过 11℃，产生温度过高报警，设备停机。

通过冷却手段，将温度值恢复至 5 ~ 10℃，温度过高报警消除。

产生温度报警后，操作员进行确认。报警消除后，操作员再次确认并重新开启设备。

【参考答案】

报警信息有三种状态（一般报警信息的不同状态用不同颜色或标识进行区分）。

已激活（进入）：报警事件被触发，产生报警信息。

已取消（离开）：产生报警的条件解除。

已确认：表明操作员已知道报警的存在。从确认时间上又可以分为报警离开之前的确认和报警离开之后的确认。

项目六　创建配方

任务一：

1．将配方的基本结构填入空白处（见图 6—1）。

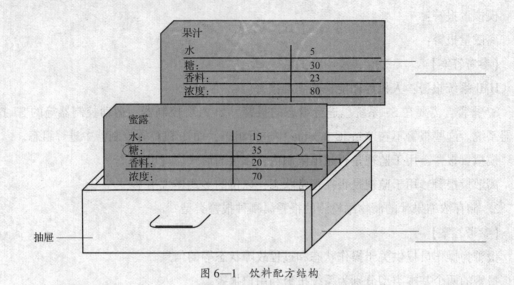

图 6—1 饮料配方结构

【参考答案】

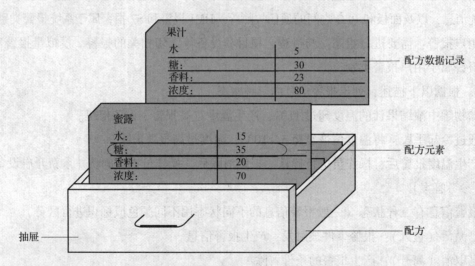

配方数据记录：每个索引卡代表了制造一种产品所需的一个配方数据记录。

配方元素：在同一个抽屉中的每个索引卡都拥有相同的结构。所有的索引卡包含有用于不同配料的应用范围，每个应用范围对应于一个配方条目。因此，一个配方中的所有记录均含有相同的条目。不过，各记录中的各个条目的值并不相同。

配方：是较为广义的概念，是指为某种物质的配料提供方法和配比的处方。

2．回答图 6—2 中 1～6 各项代表的功能。

【参考答案】

1 代表"保存"：把在配方视图或配方画面中修改过的数据保存到配方存储器中。

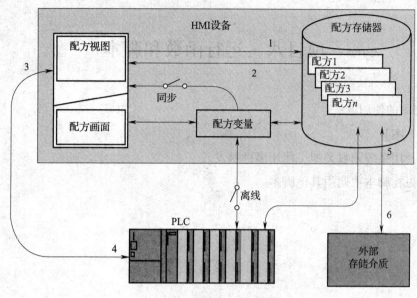

图6—2 配方拓扑图

2代表"装载":调用配方存储器中的某条配方,使其装载到配方视图或者配方画面中。

3代表"上载":从PLC读取配方数据到HMI设备。

4代表"下载":将配方存储器中的配方数据下载到PLC中,PLC接收到此数据就进行下一步的生产。

5、6代表"导入/导出":将配方存储器中的配方数据存储到外部设备,或将在外部设备中存储的配方数据导入配方存储器中。

项目七 添加界面切换

任务一:

阐述组态界面切换的基本步骤。

【参考答案】

1)新建用户界面。

2)组态界面切换按钮的属性设置。

3)组态完成后运行测试。

项目八　运行函数和脚本

任务一：

阐述脚本的使用方法。

【参考答案】

1）与使用系统函数类似，使用事件触发。

2）可以在脚本中调用其他脚本。